環境問題と法

身近な問題から地球規模の課題まで

鶴田 順・島村 健・久保はるか・清家 裕 編

法律文化社

はじめに

　この本は、環境問題を解決したい方々のための環境法の入門書です。

　この本でとりあげた環境問題は、気候変動、オゾン層破壊、大気汚染、土壌汚染、海洋汚染、化学物質汚染、放射性物質汚染、廃棄物・資源循環、自然保護、生物多様性の保全などさまざまですが、これらの問題を扱う章はいずれも、はじめから環境法の説明に入るのではなく、まずは日本で生活している人々にとって身近な環境問題から入り、それぞれの問題状況を正確につかみ、身近な環境問題とのつながりに重きを置きながら環境法の説明に入っていくという流れで書かれています。個別・具体的な環境問題を扱うコラムも設けました。日々の暮らしや企業活動に関わる身近な環境問題と、国際的あるいは地球規模の空間的な広がりを有する環境問題とのつながりについても、できるだけふれるようにしています。

　環境法は、環境（人の健康・生命や生活、さらに野生動植物にとって望ましい環境）への過度な負荷を防止・低減することを目的とする法（日本の法令、条例、国際条約など）です。「環境問題に関心はあるけれど、環境法は難しそう」という方も多いと思いますが、この本はそのような方にお読みいただきたい本です。この本を通じて、環境問題の防止・改善・克服のためのツールのあくまでも１つ、しかし重要な１つである環境法の基本的で正確な知識を得て、問題解決のために環境法を大いに活かしていただきたいと思います。

　日々の暮らしを大切にすること、できるところから行動に移してみることが、空間的・時間的に広がりのある大きな社会的課題の解決につながります。
　この本を読み終えたときに、環境法やその基礎にある環境政策の勉強をさらに進めたい・深めたい、環境をめぐる問題状況の防止・改善・克服のために何かしてみたいという気持ちがわいてくること、この本が皆さんの勉強や行動のきっかけや支えとなることを願っています。

　貴重な時間を割いて本書にご寄稿いただいた先生方、本書の企画段階から刊行までご担当いただいた法律文化社の舟木和久様、本文レイアウト・校正をご担当いただいた徳田真紀様、カバーデザインをご担当いただいた仁井谷伴子様、組版・印刷・製本をご担当いただいた共同印刷工業と新生製本の皆さま、カバー画の作者の鈴木冴基様（カバー画は海上保安庁・海上保安協会共催「2020年度 未来に残そう青い海 図画コンクール」の中学生の部の入選作）をはじめ、本書にたずさわった多くの方々に心より御礼を申し上げます。

　　2022年春、白金台にて

　　　　　　　　　　　　　　　　　　　　編者を代表して　　鶴田　順

目　　次

Part2　環境問題への対応 (1)
▶環境汚染の防止・解決

Part1

環境問題とは何か

▶身近な問題から地球規模の課題まで

　Part1 では、気候変動問題、オゾン層破壊問題、自然保護、生物多様性の保全、海洋生物資源の保存管理など、さまざまな環境問題をとりあげる。これらの環境問題は、それぞれ個別の環境問題という捉え方もできるが、空間的・時間的にその影響範囲を特定・限定することができず、不確実性を伴いながらも、多様なアクターが「社会的な問題」として受け止め、対策を検討し、対策をとり始めているという点で共通している。

　地球規模の広がりを有する環境問題は、各国が単独で、また少数の国が連携・協力することで実効的に対処できる問題ではない。多くの国や関係アクターが基本的な考え方や方向性を共有し、できるだけ同じ国際規範に服し、国際的に連携・協力して問題状況の防止・改善・克服に取り組むことが重要である。そのような問題対処のための国際協力の基盤を提供しているのが国際環境条約である。

　国際環境条約は定立後の実施、とりわけ各締約国における国内実施が重要である。なぜなら、国際的あるいは地球規模の広がりを有する環境問題であっても、その原因となる活動は各国国内で行われ（温室効果ガスやフロン類の大規模排出、特定の野生動植物の過剰な取引や消費など）、具体的な問題状況や被害は各国国内で発生するからである（自然災害の頻発・激甚化、農業や漁業への悪影響、特定の野生動植物の枯渇・絶滅など）。

　国際的あるいは地球規模の広がりを有する環境問題と、人々の日々の暮らしや企業の日々の経済活動はつながっている。日々の暮らしを大切にすることが、空間的・時間的に広がりのある大きな社会的課題の解決につながる。そのような視点で Part1 を読み進めていただきたい。

[鶴田　順]

気候変動問題(1)──温室効果ガスの削減策

[島村　健]

 ## 1　気候変動は現実の危機

　世界の平均気温は、産業革命の頃から現在までの間に約1℃上昇している。グリーンランドや南極の氷床、北極海の海氷の質量は減少しており、世界中の氷河も縮小し続けている。IPCC（気候変動に関する政府間パネル）の第6次評価報告書は、このような「地球温暖化」の原因が、人間の活動によって排出される温室効果ガスの増加であるということは疑う余地がない、と指摘している。特に温暖化に寄与しているのが、化石燃料の燃焼などによる二酸化炭素の排出増加である。二酸化炭素の大気中濃度は、産業革命前には約280ppmであったが、現在、すでに410ppmを超えている。このままの速度で温暖化が進むと、1850〜1900年と比べた2081〜2100年の世界の平均気温は、最悪のシナリオでは、最大3.3〜5.7℃も上昇すると予測されている。地球規模での気温上昇は、海面上昇、台風などの風水害の頻発・激甚化、熱中症等による死亡リスクの拡大、マラリヤ等の感染症地域の拡大、農業や水産業への悪影響とそれに起因する食糧難、野生生物の絶滅リスクの拡大などの深刻な事態をもたらす。なお、温室効果ガスの濃度上昇による気候への影響は、気温上昇だけではないため、「地球温暖化」ではなく、「気候変動問題」と呼ぶことも多い。

 ## 2　国際的な取組み

　1992年にブラジルのリオ・デジャネイロで開催された開発と環境に関する国際連合会議（リオ会議）において、「気候変動枠組条約」が採択された。この条約の目的は、気候変動防止のため大気中の温室効果ガスの濃度を安定化させることである。そして、気候変動の防止は、すべての国の責任ではあるが、産業革命以降、多量のCO_2を排出してきた先進国が率先して気候変動対策に取り組むべきである、という考え方が条約の基本原則の1つに掲げられた。このよ

うな「共通だが差異ある責任」の考え方に基づき、先進国については、温室効果ガスの排出量を2000年までに1990年の水準に戻すことを目標に、気候変動防止のための政策措置を講ずる努力義務が規定された。

1997年に京都で開催された第3回気候変動枠組条約締約国会議（COP3）では、「京都議定書」が採択され、先進国については国ごとに温室効果ガスの排出削減義務が決められた。1990年の排出量を基準とし、2008〜2012年（第1約束期間）の排出量を、たとえば、日本の場合には－6％、EUは－8％、アメリカは－7％とすることが義務づけられた。京都議定書は、先進国に法的拘束力がある削減義務を課したという点で画期的なものであったが、アメリカが議定書から離脱したことや、中国等の新興国が削減義務を負っていないことなどの限界があり、国際的に気候変動対策を進めるための、より包括的な枠組みの構築が求められた。

2011年から4年にわたる国際交渉を経て、2015年にパリで開催された第21回締約国会議（COP21）において、先進国・途上国の区別なくすべての国が参加する、気候変動対策のための新たな国際的枠組みを定めた「パリ協定」が採択された。パリ協定は、世界共通の長期目標として産業革命以降の地球の平均気温の上昇を2℃を十分に下回る程度にとどめること（1.5℃以下にすることを努力目標とする）、それを達成するために、今世紀後半に温室効果ガスの人為的な排出と吸収のバランスを達成できるよう、できるだけ早期にピークアウトすること、すべての締約国が自発的削減目標を5年ごとに作成すること、各国の実施状況について国際的なレビューを受けること等を定めている。

▶ 3　日本の削減目標

日本政府は、1990年に地球温暖化防止行動計画を策定した。京都議定書が採択された翌年（1998年）には、「地球温暖化対策の推進に関する法律」（地球温暖化対策推進法）が制定された。日本は、2002年に京都議定書を批准し、第1約束期間における上記の削減義務も達成した。しかし、日本は、2013年以降の京都議定書の第2約束期間には、アメリカ・中国などの主要排出国が参加していないという理由により加わらなかった。

日本は、2009年の時点では、2020年までの温室効果ガス排出削減目標として

1990年比で25%削減という意欲的な数字を設定していた。しかし、2011年3月11日に起きた福島第1原子力発電所の事故の後、一時は全国の原子力発電所のすべてが停止するなど、電源構成に占める原子力発電の割合が激減し、その代わりに火力発電の割合が急増した。これに伴い、発電部門からの温室効果ガスの排出が急増し、2020年までの削減目標も大幅な後退を余儀なくされた（新たな目標は、2005年比で3.8%削減。1990年比では約4%増加）。その後、パリ協定の採択・発効を受けて、日本は、2030年までの排出削減目標（中期目標）として、2013年比で26%の削減（1990年比では14%削減）という目標を掲げた。

　2018年10月に公表されたIPCC「1.5℃特別報告書」は、気温の2℃上昇と1.5℃上昇では気候変動に伴うさまざまな悪影響の程度が大きく異なるとし、また、現在、パリ協定に基づき各国が宣言している2030年目標では、2100年までに約3℃の地球温暖化をもたらすことになると警告した。そして、気温上昇を1.5℃に抑えるためには、世界全体のCO_2の排出量を、2030年までに2010年水準から45%削減し、2050年前後に実質ゼロとすることが必要であると指摘した。これを受けて、EUは、2019年12月に、2050年までにCO_2の排出を実質ゼロとする方針を公表した。日本政府も、2020年10月に、2050年に温室効果ガスの排出を実質ゼロにするという目標を発表した。さらに、2021年4月には、2030年までの中期目標も、2013年比46%削減（1990年比では40%削減）へと引き上げられた。

▶　4　気候変動緩和政策

⑴　日本の排出構造

　日本における温室効果ガス排出量の約92%は、エネルギー起源のCO_2である（2019年度速報値。以下同じ）。エネルギー起源CO_2の排出量を部門ごとにみると、①「電気・熱 配分後」、つまり、発電・熱供給に伴うCO_2排出量を、電気・熱を消費している部門に配分した場合（たとえば、家庭で使う電気をつくる際に発電所で排出されるCO_2は、家庭からの排出とみなす）には、図1①のようになる。②「電気・熱 配分前」、つまり、発電や熱供給に伴うCO_2排出量を、すべて発電や熱供給の時点で発生したものとカウントした場合の部門別排出量は、図1②のようになる。

図1　各部門のエネルギー起源 CO_2 排出量の割合

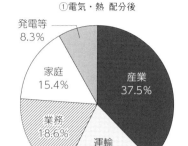

①電気・熱 配分後

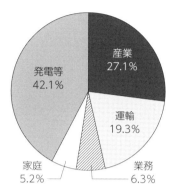

②電気・熱 配分前

出典：環境省 HP のデータに基づき筆者作成

　図1①をみると、産業部門の排出が最も大きいが、業務（オフィスビル等）や家庭からの排出も相当の割合を占めていることがわかる。次に、図1②の「電気・熱 配分前」の排出量をみると、発電等の割合が約42%と非常に大きいことがわかる。

　これらの図から、CO_2 排出ゼロ（カーボンニュートラル）を達成するためには、あらゆる分野でできる限りの省エネを図ることと合わせて、次のようなことに取り組む必要があることがわかる。(a)発電等に伴う CO_2 の排出量を、ゼロに近づける（火力発電から再生可能エネルギー電源等へのシフトによる脱炭素化）。これにより、家庭や業務部門からの排出は大幅に減少する。(b)運輸部門からの CO_2 排出量を減少させるには、動力源を、化石燃料以外にシフトする必要がある。具体的には、たとえば、自動車をガソリン車から電気自動車に転換することが考えられるが、その前提として、電力の脱炭素化を進める必要がある。(c)産業部門の脱炭素化には、電力の脱炭素化のみでは十分ではなく、脱炭素型の製造技術の開発・普及が必要である。

(2)　自主的取組みとその限界

　日本経団連は、1997年に、エネルギー転換部門（発電等）・産業部門からの2008〜2012年度の CO_2 排出量を1990年レベル以下にすることを目標とする環境自主行動計画を策定した。その後も、2020年、2030年までの自主的取組みと

して低炭素社会実行計画を策定している。最近では、事業者単位で、2050年までもしくはそれより早期に事業活動に伴うCO_2の排出を実質ゼロとするという「カーボンニュートラル宣言」を行う企業も増えている。しかし、事業者のすべてが自主的な取組みを行うわけではないし、また、それぞれの事業者や業界団体が掲げる削減目標が、日本全体の削減目標と整合するとは限らない。

　脱炭素化を実現するためには、産業界のみならず、家庭部門を含めたすべての主体の行動変化を促す、以下にみるような、政策的な働きかけが必要である。

⑶　自主的取組みを促す政策手法

　温室効果ガスの排出削減のためには、前提として、企業自らが、自らのエネルギー消費量ないし温室効果ガス排出量を把握することが必要である。

　省エネは、温室効果ガス排出の削減に寄与する。「エネルギーの使用の合理化等に関する法律」（省エネ法）は、大規模工場等においてエネルギー管理の担当者を選任すること、省エネ計画を作成すること、エネルギーの使用状況を把握し主務大臣に報告すること等を義務づけている。省エネ法は、省エネ基準の遵守を強制するものではないが、企業が自らのエネルギー消費を把握し、省エネ計画を策定すること等によって、自主的に省エネを進めるよう、企業のマネジメントの仕組みを整えさせるものである。

　また、地球温暖化対策推進法は、温室効果ガスを多く排出する事業者に、温室効果ガスの排出量を算定し、国に報告することを義務づけている。国は、報告されたデータを集計し、公表する（温室効果ガスの算定・報告・公表制度）。事業所ごとの排出量も公表される（企業秘密にかかる情報を除く）。この仕組みは、①企業に自らの排出量を把握させることを通じて、自主的取組みのための基盤を確立させること、②企業の温室効果ガス削減の取組みを公衆や利害関係人が評価しうるようにすることにより、当該企業に対して排出削減を促すことを目的としている。情報という手段を用いた温室効果ガス削減のための仕組みとしては、他に、家電製品の使用時の消費電力を表示する「省エネラベル」、商品・サービスのライフサイクルの各段階で排出された温室効果ガスの総量をCO_2排出量に換算して商品に表示する「カーボンフットプリント」などがある。

以上のような手法は、企業や消費者の自主的な取組みを促すために、有用なものである。

(4) 規制的手法

規制的手法とは、典型的には、企業などが守るべき基準（たとえば、有害物質の排出量の上限）を設定し、それを遵守できない場合には、行政機関が改善命令を出し、さらに、命令違反に対しては罰則を適用するというように、権力的手段をもって基準の遵守を義務づける政策手法をいう。

規制的手法は、公害防止の分野で広く用いられてきたが、温暖化対策の分野では、少なくともこれまでは、ほとんど導入されてこなかった。前出の省エネ法は、工場、家電製品、自動車、建築物等さまざまな分野において、国が省エネ基準を定め、その履行を企業などに働きかけるという仕組みをもっている。そして、省エネ基準に比べて取組みが著しく不十分な場合に、主務大臣による指示、指示に従わない場合の事業者名の公表や、罰則付きの命令など、厳しい措置を定めている部分もある。しかし、以上のような履行確保措置が実際に発動されたことはない。

温暖化対策の分野において本格的な規制的手法を導入した数少ない例として、2015年に制定された「建築物のエネルギー消費性能の向上に関する法律」（建築物省エネ法）がある。同法の制定により、一定規模以上の非住宅の建築物を新築する際、省エネ基準の遵守が義務づけられ、不遵守の場合には、建築工事をするのに必要な建築確認（建築基準法6条1項）を受けることができなくなった。

(5) 経済的手法

温暖化対策の分野では、規制的手法よりも、むしろ、経済的手法が用いられるべきであるとされてきた。経済的手法とは、排出削減への経済的な動機づけを政策的に設けることによって、企業や市民などに対し温室効果ガスの排出削減を促す政策手法をいう。化石燃料の消費に課税をするなどして金銭的な負荷をかけ、排出削減行動を促すとか、逆に、省エネ投資に対して補助金を交付したり、減税をしたりすることなどがその典型的な例である。

温暖化対策は、(a)第1次エネルギー供給の91％（2017年）を占める化石エネ

ルギーからの脱却を図るため、家庭等の小規模排出源を含むおよそあらゆる経済主体が取り組まなければならない課題であること、(b)今後、長期間にわたり持続的に取り組まなくてはならない課題であること、(c)脱硫装置や脱硝装置といった公害防止技術のように、排出口での排出削減技術が確立しているわけではなく、省エネルギーおよびエネルギーの脱炭素化のための新たな技術開発が必要不可欠であり、そのような技術開発を促す政策が必要であること、などの点で従来の公害対策と異なる。

　温暖化対策の場合には、温室効果ガスの排出主体が極めて多数にのぼることから、規制的手法には限界があり、むしろ、たとえば化石燃料の使用に課税することによって、家庭を含むすべての主体に対して排出削減の動機づけを与えるということが有効である。化石燃料の利用に価格づけをすること（カーボンプライシング）により、化石燃料の消費を減らす省エネ投資や非化石エネルギーの利用が相対的に有利になり、また、省エネや非化石エネルギーの導入に関する技術革新を長期的・継続的に後押しすることができる。これに対し、規制の場合には、一定の規制基準をクリアしてしまえば、規制値を超えて原因物質（温室効果ガス）を削減しようとするインセンティヴは存在しない。以下では、温暖化対策のための経済的手法のうち、地球温暖化対策税と排出枠取引について説明する。

　① 地球温暖化対策税（炭素税）

　地球温暖化対策税（炭素税）とは、温暖化対策のために化石燃料の消費等に課する税のことをいう。化石燃料の消費に金銭を賦課することによって、企業や市民の行動を化石燃料の消費の削減へと促すことを１つの目的としている。2012年に導入された日本の地球温暖化対策税は、化石燃料ごとの重量課税であった従来の石油石炭税を維持しつつ、その税率にCO_2排出量に比例させた税率（CO_2排出量１トンあたり289円）を一律に上乗せするものであった。この上乗せ分は、日本で初めて導入された炭素税といえる。もっとも、CO_2排出量に比例していない既存の税率が維持されているので、従来からの税率と上乗せ税率との合計では、CO_2排出量に比例していない。また、税率が低いために課税面での削減効果はほとんど期待できない。温暖化対策上の効果としては、税収を、省エネ対策、再生可能エネルギー促進のための事業等に支出することによる排出削減を狙っている。

② 排出枠取引

　排出枠取引とは、事業者に対し、一定の期間における温室効果ガス排出量の許容限度を「排出枠」として設定するとともに（cap）、その排出限度を遵守するための手段として、他の事業者との間で排出枠の取引（trade）を行うことを認める制度（cap and trade）のことをいう。この制度の下では、温室効果ガスの排出削減コストが高い A 社は、自らの工場で排出削減のための投資をするのではなく、排出削減コストが安い B 社から排出枠を購入することができる。この制度により、社会全体としても、より安いコストで温室効果ガスの排出削減を達成することが可能になる。排出枠取引制度は、各企業に対して一律の割合で温室効果ガスの排出削減義務を課す場合と比較して、社会全体としても少ないコストで排出削減を達成することができる。排出枠取引制度は、EU など世界各地で導入されているが、日本においては国レベルでは未だ導入されていない（地方自治体レベルでは、東京都が2010年に導入した）。

　排出枠取引の場合、各事業者に割り当てる排出枠の総量を（たとえば毎年）削減してゆくことにより、制度の対象となる事業者全体として、確実に温室効果ガスの排出削減を行うことが可能であり、この点が炭素税と比較した場合の長所である（炭素税の場合には、最終的に課税対象者からの温室効果ガスの排出量がどれほどになるのか、確実に予想することはできない）。他方、市場で取引される排出枠の価格は変動するため、排出枠を購入しなければならない事業者にとっては、炭素税の場合と異なり、負担額を予測しにくいという短所がある。

⑹　電力の脱炭素化

　エネルギー源を電力にシフトし（たとえば、ガソリン車から電気自動車へのシフト）、電力を脱炭素化するというのは、エネルギー起源 CO_2 の排出削減のための有力な方法である。

① 火力発電対策

　電力部門の脱炭素化のための手段としては、(a)火力発電をやめる、(b)火力発電に伴い発生する CO_2 を回収して再利用もしくは貯留処分をする、もしくは、(c) CO_2 を排出しない燃料（アンモニアや水素など）を用いるという方法が考えられる。(b)については、大量の CO_2 を安価に回収し貯留するための技術の確立などが課題となっている。(c)については、化石燃料由来ではないアンモニアや

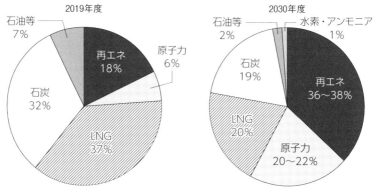

図2　2019年度の電源構成と2030年度の想定

出典：経済産業省資源エネルギー庁『エネルギー白書2021』および「第6次エネルギー基本計画」より筆者作成

水素を、大量に安価で確保できるか先が見通せない。仮に(b)(c)という方法が、コスト・技術の面で現実的な解決策でないとすると、火力以外の電源へのシフトを進めることが急務となる（以下②）。

　目下、日本の電源構成の約8割は火力発電であり（2018年度は77%）、直ちにすべての火力発電所を止めることはできない。そこで、当面の課題としては、火力の高効率化を図ることが必要となる。経済産業省は、省エネ法に基づき、火力発電所を新設する際の発電効率の基準を設けるとともに、火力発電事業者がその保有するすべての火力発電所について、事業者単位で達成すべき発電効率の基準を定めている。2020年7月、同省は、さらに、非効率の石炭火力発電所をフェードアウトさせる方針を発表した。もっとも、欧州諸国は、2030年代もしくはそれより早期に、石炭火力発電所を全廃する方針を打ち出しており、日本の石炭火力対策は立ち遅れているといわざるをえない。

②　非化石電源の拡充のための施策

　2030年の中期目標が改められた際、政府は、2030年の電源構成の想定を、火力合計で41%、再生可能エネルギー36〜38%、原子力20〜22%、水素・アンモニア1%程度とした。原子力発電所の再稼働の見通しが不透明であり、新設の見通しも立ってないことからすると、非化石電源比率を高めるためには、再生可能エネルギーの導入をさらに後押しする政策が必要である（図2参照）。再生可能エネルギーを大量導入しうるように、送電線網を整備したり、その利用

ルールを見直したりする必要もある。そのための施策については、**コラム①**を参照されたい。

まとめてみよう

・温室効果ガスの排出削減を促す政策手法としてどのようなものがあるか、まとめてみよう。

考えてみよう

・自社の CO_2 排出量を 1 トン削減するのに、A 社は2000円、B 社は1000円かかるとする。また、両社は、1 年間に10万トンの CO_2 を排出しているとする。CO_2 排出量を 2 割削減するために、一律の排出規制をする場合と、排出枠取引を導入する場合とで、両社が負担する費用はどのように変わるだろうか。

〈参考文献・資料〉

①大塚直『環境法〔第 4 版〕』（有斐閣、2020年）第12章
　　日本の温暖化対策の政策手法について、全体像を知ることができる。
②経済産業省資源エネルギー庁『エネルギー白書2021』
　　エネルギー起源 CO_2 の排出動向、再生可能エネルギーの状況等について概観できる。

━━━━━━━━━━━━━━━━━━━━━━━━━━━━━━━━━━━━

コラム① 再生可能エネルギー

主力電源化に向けて

　石炭などの化石燃料からの脱却を目指す脱炭素化が、世界的な潮流となっている。低炭素化にとどまらない脱炭素化への機運は、パリ協定の締結をきっかけに一気に高まり、いまでは日本を含む120カ国以上が、2050年までに温室効果ガスの排出を実質ゼロとする目標を掲げている。日本の二酸化炭素総排出量において、発電所などのエネルギー転換部門からの排出は特に大きな割合を占めることから、再生可能エネルギー（再エネ）の主力電源化は、脱炭素社会を実現するための要となる。

　再エネは、日本の法律上、たとえば「非化石エネルギー源のうち、エネルギー源として永続的に利用することができると認められるもの」と規定され、具体的には太陽光、風力、水力、地熱、太陽熱、大気中の熱その他の自然界に存する熱、バイオマスが挙げられている（エネルギー供給構造高度化法2条3項、同法施行令4条）。

　これら再エネへの期待は、環境上の理由のみに求められるのではない。海外から輸入される化石燃料への依存度が高い日本において、国産のエネルギーである再エネの利用拡大は、エネルギー自給率の向上に資する。さらに、2016年の電力小売り自由化に伴い増えつつある、地域の再エネを利用した電力事業は、新たな雇用を創出し、地域経済の活性化にも寄与するとして注目されている。地震や台風の影響による大規模停電が発生し、大型発電所による大規模集中型電力システムの脆弱さが露呈する中で、地域に分散する再エネは、災害時の電力供給の安定的な確保にも貢献しうる。

　再エネの主力電源化を初めて掲げた第5次エネルギー基本計画（2018年閣議決定）に続き、第6次エネルギー基本計画（2021年閣議決定）では、再エネについて主力電源として最優先の原則で取り組み、最大限の導入を促

すというさらに踏み込んだ内容が明記された。2030年度の国内総発電量に占める再エネの割合についても、同計画は従来目標（22～24％）を大きく引き上げて36～38％とし、2019年度実績である18％からの倍増を見込んでいる。

FIT制度による普及拡大

　再生可能エネルギー特別措置法に基づき2012年に開始された固定価格買取制度（FIT: Feed-in Tariff）は、太陽光や風力などにより発電された電気を国が定める一定期間、一定の価格で買い取るよう電気事業者に義務づける仕組みである。これに伴って、従来からの普及策であった、一定量以上の再エネの調達・利用を電気事業者に義務づける仕組みは廃止された。FIT制度の効果は大きく、太陽光を中心に急速な普及が進み、再エネの導入量は飛躍的に増加した。

　このFIT制度の下で、再エネによる発電事業者が固定価格での売電を行うためには、事業計画を作成し、経済産業大臣の認定を受けることが必要である。旧制度下では、認定を取得したにもかかわらず運転を開始しない未稼働案件が大量に発生していたことが問題視され、2017年の法改正を経て、電力系統への接続契約の締結が認定の条件となった。再エネ電気の買取りを義務づけられる事業者に生ずる費用負担は、各小売電気事業者が電気の使用量に応じて私たち利用者から電気料金の一部として徴収する賦課金により賄われる。賦課金の増大による国民負担を抑制するため、発電コストのさらなる低減が課題となっている。

　いち早くFIT制度を導入して再エネの普及拡大に繋げたドイツをはじめ、欧州諸国ではすでに、再エネの電力市場への統合を目指して市場プレミアム制度（FIP: Feed-in Premium）への移行が進められてきた。日本でも、再生可能エネルギー特別措置法が抜

本的に見直され、2022年度からはFIT制度に加え、大規模な太陽光発電や風力発電などを対象に、市場価格をふまえて一定のプレミアムを交付するFIP制度が創設される予定である。

電力系統の整備・運用をめぐる課題

しかし近年、送電線の空き容量不足を理由に電力系統への接続が制限されたり、接続にあたって高額な系統増強費を求められたりするなどにより、再エネ事業に支障が出るという事態が知られるようになっている。空き容量不足の問題は、まずは送電線容量の算定方法を見直すなどにより既存系統を最大限活用することで改善の余地があるとされ、すでに日本版コネクト＆マネージとして具体化されつつある。さらに、間接オークションを導入するなどにより、新規参入を阻みやすい従来的なルールを変更し、系統運用の公平性・透明性を高めるための議論も進む。また、系統増強に関しても、その決定プロセスや費用負担などについて検討がなされており、公平性・透明性の観点がここでも重要となる（参考文献・資料④）。電力系統の整備・運用に関するこうしたさまざまな取組みが、日本でも2020年4月から始まった発送電分離を経て、今後いかに展開していくかが注目される。

導入促進と環境保全の両立

再エネは環境上のメリットが大きいとはいえ、発電設備による景観侵害や生態系への悪影響などから周辺環境との摩擦も孕む。そのため一定規模以上の発電事業は、風力については2012年、太陽光については2020年から、環境影響評価法に基づく環境アセスメントの対象となった。条例や要綱に基づいて、独自の規制を行う自治体も少なくない。また、諸外国の法制度を参考に、近年注目されるのが、事業計画の策定に先立って環境情報などを整理し、事業の適地をあらかじめ抽出するゾーニングの手法である。2021年に成立した

改正地球温暖化対策推進法では、市町村が再エネ事業の促進区域を計画で定める仕組みが新設され、これにより地域内での合意形成の円滑化が図られることが期待されている。2018年に成立した再エネ海域利用法の運用においても、洋上風力発電を行う促進区域の指定にあたってゾーニング手法を活用する余地がある。

〈参考文献・資料〉
①千葉恒久『再生可能エネルギーが社会を変える』（現代人文社、2013年）
　再生可能エネルギー法の制定を経て、再エネが積極的に活用されるドイツで、市民が主役となりエネルギー政策、そして社会を変えてきた経緯を描く。
②髙橋寿一『再生可能エネルギーと国土利用』（勁草書房、2016年）
　再エネ事業に対するゾーニングなどの土地利用規制の法制度を中心に、ドイツ法との比較から日本における法的課題を明らかにする専門書。
③諸富徹編著『入門 再生可能エネルギーと電力システム』（日本評論社、2019年）
　再エネ大量導入と、それと密接に関係する電力システムの諸課題について明らかにする。日本のみならず諸外国の近年の動向も詳しい。
④安田陽『世界の再生可能エネルギーと電力システム［系統連系編］』（インプレスR&D、2019年）
　海外における最新の議論もふまえながら、日本の系統連系問題の本質について、図表なども交えてわかりやすく解説する。

［山本紗知］

Part1

2

気候変動問題 (2)——自然災害の大規模災害化への対応(適応策)

[山本紗知]

 1　いま求められる気候変動への適応の取組み

　地球温暖化、あるいはそれによる気候変動への「適応策（adaptation）」と聞いて、皆さんはどのような具体的取組みを思い浮かべるだろうか。適応策は、私たちが日常生活の中で実践できるものから、市民と行政が協働で地域の実情に応じた対応を工夫するもの、さらには新たな技術や製品によってビジネスチャンスを生むものまでじつに多様であり、今後もさまざまなアイディアが生み出される可能性を秘めたテーマである。

　ここでいう適応策とは、すでに起こりつつある、あるいは将来起こりうる気候変動の影響に備え、被害の防止・低減を図る取組みのことである。これまで、地球温暖化への対処といえば、原因となる温室効果ガスの排出量を削減し、その影響をできる限りくい止めようとする「緩和策（mitigation）」が主流であった。しかし、いまや私たちは、地球温暖化の影響から逃れられないことが明らかとなっている。

　IPCC（気候変動に関する政府間パネル）の第6次評価報告書（2021年）では、温室効果ガスの排出量を大幅に削減したとしても、今後20年間で、産業革命前からの世界平均気温の上昇が1.5℃に達する可能性のあることが示された。そして温暖化が進むほど、自然災害や農林水産業、自然生態系などへの影響を通じて、将来私たちが直面することとなるリスクは増大することが見込まれている。そうであれば、それに対してまずは何より人々の生命を守り、そして社会・経済の持続可能な発展を実現するため、最大限の緩和策を講じた上で、被害の回避・低減を図る適応策を一層充実させることが必要となる。緩和策と適応策、そのどちらか一方だけでは不十分であり、両者は相互補完的な関係にあると理解されている。

2 適応策をめぐる国内外の議論

　気候変動対策に関する議論において適応策が検討され始めた当初、1990年代には、それが緩和策を軽視するものとして否定的に捉えられることもあったものの、2000年代以降、気候変動の影響を特に受けやすい発展途上国（小島嶼国やアフリカ諸国など）に対する国際支援の文脈で議論の進展がみられた（参考文献・資料①）。発展途上国では、気候変動は食料・水問題などとも結びついて人々の生存・生活に対する脅威となりうるため、適応策を実施するのに必要な財政的・技術的支援が急務だからである。その後、気候変動対策をめぐる国際交渉が重ねられた結果、現在では、適応策は先進国・発展途上国を問わず、すべての国で強化されるべき重要な課題となっている。京都議定書に代わる新たな国際枠組みとして、2015年の気候変動枠組条約締約国会議（COP21）で採択されたパリ協定では、その7条で、適応に関する世界全体の目標、各締約国の取組み、適応報告書の提出・更新などについて規定されている。

　上述のような国際的な潮流を背景に、2000年代後半以降、諸外国では国レベルでの気候変動の影響の評価や適応計画の策定が進められ、こうした海外の動向が日本でも政府の適応計画策定を後押しすることとなった。2015年3月、日本における気候変動による影響の評価に関する報告と今後の課題について中央環境審議から環境大臣への意見具申がなされたのち、そこで示された科学的知見をふまえて、同年11月には「気候変動の影響への適応計画」が閣議決定された。同計画に基づき関係府省庁・関係分野で進められた諸施策のうちのひとつに、「気候変動適応情報プラットフォーム（A-PLAT）」の整備がある。これは気候変動影響や適応策に関するさまざまな情報を発信するための情報基盤であり、そこではたとえば農作物の高温耐性品種の導入、高山生態系の保全、熱中症対策など、私たち市民を含む各主体が行う適応策の取組事例も数多く紹介されている。

3 日本における適応策の法制化

　さらに、2018年6月には気候変動適応法が成立し、日本でも適応策の法制化

が実現した。これにより気候変動対策は、緩和策を定める「地球温暖化対策の推進に関する法律」（地球温暖化対策推進法、1998年制定）と適応策を定める気候変動適応法という２つの法律を基礎に推進されることとなった。環境省によれば、適応について単独で法制化されるのは世界で初めてのことであるという。

　気候変動適応法は、大きく４つの柱（1．適応の総合的推進、2．情報基盤の整備、3．地域での適応の強化、4．適応の国際展開等）から成り立っている。そのうち1．適応の総合的推進に関していえば、まず、国、地方自治体、事業者、国民が気候変動への適応の推進のために担うべき役割が、責務ないし努力として明らかにされた（3〜6条）。そして、このうち国の責務を受けて、政府は気候変動適応計画を定めなければならない旨の規定が置かれ（7条）、それにより上述の適応計画は、法定計画へと格上げされることとなった。法律施行前の計画策定を認める同法附則2条の規定により、実際に施行の前月である2018年11月、法定計画としての新たな「気候変動適応計画」が閣議決定された。なお、同計画は、気候変動影響に関する最新の科学的知見をふまえ、2021年10月に改定がなされた（8条・10条）。

　適応策・適応計画の法定化という近年の展開が示すのは、関係府省庁・関係部局との連携・協力のもと、あらゆる関連施策に気候変動適応を組み込むことが求められているという点である。このことは、気候変動適応計画においても基本戦略の第一として掲げられている。それでは、関連する施策に気候変動適応を組み込むことがなぜ重要で、それは具体的にどのようなことをいうのであろうか。次節では、気候変動の影響下で大規模化する自然災害への対応、なかでも水害対策に関する適応の施策を例に、そのことについて考えてみたい。日本では、河川の氾濫で土砂が堆積してできた沖積平野（国土面積の約10％）に人口の約半数、資産の約４分の３が集中し、三大都市圏には海抜ゼロメートル地帯が広がっている。このように本来的に水害の被害を受けやすい国土条件を有する日本にとって、そのリスクをさらに高める気候変動の影響は、とりわけ深刻だからである。

4　水害対策における適応策

(1)　気候変動影響の顕在化

　記録的な大雨や大型化した台風が毎年のように日本列島を襲い、全国各地で甚大な被害をもたらしている。同じ地域で長時間にわたって強い雨を降らせる「線状降水帯」のように、かつて聞き慣れなかった気象用語も、度々の豪雨報道を通じて一般に知られるようになってきた。

　気象庁によると、日本では大雨や短時間強雨の発生頻度が増加する一方で（図1）、弱い降水も含めた降水の日数は減少しているという。そのつどの異常気象について地球温暖化の影響を科学的に解明することは難しいものの、こうした長期的な傾向には、地球温暖化による水循環系の変化が関係していると考えられている。さらに、温室効果ガスのいずれの排出シナリオにおいても、大雨や短時間強雨の発生頻度は全国平均で有意に増加することが気象庁により高い確信度で予測されており、極端な降水が引き起こす水害・土砂災害などのリスクは今後も高まることが懸念される。また、世界平均海面水位と同じく、日本沿岸の平均海面水位も上昇し、高潮・高波による浸水被害が増加するとの予測もある（参考文献・資料⑦）。

図1　日本における雨の降り方の極端化

＊1901年から2019年の期間、日降水量200mm以上の大雨の日数は増加し（①）、1976年から2019年の期間、1時間降水量50mm以上の短時間強雨の年発生回数も増加（②）していることが示される。

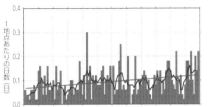

①日降水量200mm以上の大雨の年間日数の経年変化（1901〜2019年）

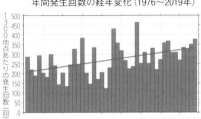

②1時間降水量50mm以上の短時間強雨の年間発生回数の経年変化（1976〜2019年）

棒グラフは各年の年間日数を示す（全国51地点における平均で1地点当たりの値）。太線は5年移動平均値、直線は長期変化傾向（この期間の平均的な変化傾向）を示す。

棒グラフは各年の年間発生回数を示す（全国のアメダスによる観測値を1300地点当たりに換算した値）。直線は長期変化傾向（この期間の平均的な変化傾向）を示す。

　出典：気象庁『日本の気候変動2020』（2020年12月）本編13頁

すでに明らかに雨の降り方が変化しているという状況から、2015年の水防法改正では、洪水浸水想定区域（14条）の指定の前提となる降雨が、河川整備において基本とされる降雨（大河川では100〜200年に１度程度）から、想定しうる最大規模の降雨（1000年に１度程度）へと拡充された。ここにいう洪水浸水想定区域などを示した洪水浸水想定区域図というのは、市町村に作成・公表が義務づけられる洪水ハザードマップ（15条３項）の基礎となるものである。上記2015年の法改正では、想定しうる最大規模の雨水出水（内水）や高潮についても同様に浸水想定区域の制度が創設され、それぞれについてのハザードマップの作成・配布も義務づけられた。

(2)　流域治水への転換

　顕在化する気候変動影響への適応の必要性は、堤防やダムなどの施設の整備（ハード対策）に主眼が置かれてきたこれまでの水害対策のあり方そのものに転換を迫っている。すでに諸外国では、さらなる外力の増大を見込み、追加対策を想定した施設の設計や施設の計画規模の見直しなど、適応策を取り入れたハード対策が試みられているが、従来から施設整備率の低さが指摘される日本では、そうした対策の実効性には限界も予想される。

　各地で観測史上最多雨を記録した2015年９月の関東・東北豪雨では、国が管理する鬼怒川の堤防が決壊するなどして甚大な被害が発生した。これを受けて社会資本整備審議会が同年12月に取りまとめた「大規模氾濫に対する減災のための治水対策のあり方について」と題する答申では、「施設の能力には限界があり、施設では防ぎきれない大洪水は必ず発生するもの」へと行政や住民等が意識を変革し、社会全体で氾濫の発生に備える水防意識社会の再構築が唱えられている。一定の水害の発生をいわば許容するというのは、技術を駆使して洪水を河道内に閉じ込めることによる「防災」を目指してきたこれまでの近代治水の考え方からすれば、ある種の衝撃をもたらすかもしれないが、「減災」へのシフトはもはや不可避である。今後は、万一の場合でも人命保護を最優先に、壊滅的な被害を回避するよう、越流・越波しても決壊しにくい構造をもつ堤防整備などに加えて、ハード・ソフトの両面からアプローチする総合的な水害対策が求められる（参考文献・資料②）。

　そうしたなか、2020年７月に国土交通省が新たに打ち出したのが、ハード対

図2　流域治水のイメージ

出典：国土交通省「流域治水の推進」（https://www.mlit.go.jp/river/kasen/suisin/index.html）

策が中心となる河川区域のみならず、集水域・氾濫域も含めた河川の流域全体を視野に、流域関係者が協働して持続可能な治水対策を行うという「流域治水」の考え方である（図2）。もっとも、これに通じる考え方は、高度経済成長以降の流域の急速な開発による都市型水害の頻発を背景として、河川審議会による1977年の「総合的な治水対策の推進方策についての中間答申」にすでに表れていた。治水施設の整備促進とともに、流域における保水・遊水機能の維持、洪水氾濫を前提とした土地利用・建築方式の設定、洪水時の警戒避難体制の拡充などを幅広く提唱する中間答申の内容は、その後の総合治水対策特定河川事業の実施や、河川管理者と下水道管理者の連携を強化する特定都市河川浸水被害対策法の制定（2004年）に影響を与えたが、流域の一体的管理を本格的に実現すべきとの指摘は、相変わらずなされ続けてきた。

⑶　水害対策とまちづくりの連動

　今後、流域治水へと大きく舵を切るためには、水害対策とまちづくりとの連動を強化していくことが大きな課題になるとの指摘がある（参考文献・資料⑤）。それは見方を変えれば、水害対策を通じて、まちづくりに気候変動への適応策を組み込んでいくことでもある。

　具体策としてまず、水害に対して脆弱な区域での土地利用規制の強化が挙げ

られる。都市計画法上、「溢水、湛水、津波、高潮等による災害の発生のおそれのある土地の区域」は市街化区域に含めないことが原則とされているにもかかわらず（都市計画法7条2項、施行令8条2号ロ）、実際には災害の危険性が十分に考慮されないまま、宅地需要の増大に伴って各地で市街化が進展してきたからである。2020年6月に行われた都市計画法などの改正では、開発行為が原則禁止（都市計画法33条1項8号）される災害危険区域（建築基準法39条）などの災害レッドゾーンを含む災害ハザードエリアでの開発規制の強化、安全な地域への移転促進などが中心的な内容となっている。各地の条例の中にも、早くから、浸水リスクの高い区域での土地利用に対する制限を独自に強化してきたものがある。

　そして、土地利用規制などと並んで検討されるのが、洪水を一時的に貯留する遊水機能をもつ土地の保全である。たとえば、一部を低くした堤防（越流提）を築き河川沿いの遊水地に洪水を流し込んだり、堤防の途中に開口部を設けた不連続提（霞提）によって洪水を遊水させたりして、一定区域内で洪水をあえて氾濫させることにより、市街地が広がる下流域での被害の軽減を図るという方策がある。耕作放棄地や休耕田、公園緑地などを遊水地として指定することが考えられるが、どこでどのように氾濫させるかによっては、農業被害などの犠牲を強いられる者に対する救済方法の検討を要する。より根本的には、流域ごとの治水のあり方を決定するにあたり、さまざまな立場の流域住民の意見を反映しうる仕組みが一層重要となる。

　また、河川のさらに上流にある森林には、その多面的機能の一部として、洪水を緩和したり、河川流量を安定させたりするなどの水源涵養機能や、樹木が根を張りめぐらすことなどによる土砂流出抑制機能がある。そのため、森林を過剰な伐採から保全したり、適切な管理がなされず荒廃した森林を整備したりすることも、水害対策の一環として有効である。水害の発生には、森や川、さらにいえば海まで含めた自然の相互作用が関わっていることも見逃すことはできない（参考文献・資料③）。山間部に造られたダムへの堆砂や河道での砂利採取などによって海岸に供給される土砂の量が減少し、海岸浸食が進むことで、高潮や高波の被害を受けやすくなるという現象も生じているからである。水害対策とまちづくり・国土形成の連動において求められるのは、2014年に制定された水循環基本法の基本理念にも表れているような、一連の水循環を包摂する

流域全体を俯瞰した施策であるといえる（参考文献・資料⑥）。

 ## 5　気候変動への適応と法

　都市の過密化や緑地の減少、無秩序な宅地開発、放置林の増加といった諸問題は、相互に関連し合って自然災害に対する私たちの社会の脆弱さを高めている。気候変動の影響が自然災害をすでに変容させつつあるいま、私たちはこうした諸問題を広く見渡しながら、持続可能なまちづくり・国土形成を再検討していくべき時にきている。都市に関する法、防災に関する法、水質保全や自然環境・生態系保護を目的とする法など、これらの諸問題と関連する諸法の趣旨が相互に調整され、計画的に運用されるには、国や地方自治体、それらの関係部局が相互に連携・協力を図ることが前提となる。気候変動への適応という分野横断的な共通の視座が、縦割り行政という古くからの弊害を克服する契機となることが期待される。

　気候変動は人類にとって未知の事象であることから、適応策に取り組むために基礎となる科学的知見はまだ限られている。しかし、だからといって対応を先送りにすれば、壊滅的な浸水被害のように、社会に取り返しのつかない損失が生じるおそれがある。そうであれば、環境リスクをめぐる議論の中でもこれまで指摘されてきたように、気候変動影響の不確実性を前提としながらも、できるだけ早い時期から対策を講じておくこと、さらにその前提として、自然災害の大規模化のような気候変動リスクに関する情報を社会全体で認識し合う機会のあることも重要となってこよう。

　古くもあり新しくもあるこれらの課題を前に、具体的な適応策をいかに実現しうるか。環境法がいま直面している大きな試練である。

- - -

まとめてみよう
・2000年代以降、適応策の重要性に対する認識が国内外で高まった背景についてまとめてみよう。
・水害対策と連動しながら、まちづくりに気候変動への適応策を組み込んでいくとはどういうことか、具体例を挙げながらまとめてみよう。

考えてみよう

・気候変動に対する有効な適応策は、地域によって異なる。皆さんが住む地域の特性に見合った適応策の取組みとしてどのようなものがあるか、気候変動適応情報プラットフォーム（A-PLAT）のウェブサイト（https://adaptation-platform.nies.go.jp/index.html）に掲載された事例などを参考にしながら考えてみよう。

・気候変動影響に適応した水害対策への理解を社会に広く普及させるにはどのような手段が有効か、考えてみよう。

〈参考文献・資料〉

①松本泰子「高まる適応のニーズ」高村ゆかり・亀山康子編『地球温暖化交渉の行方』（大学図書、2005年）第2部第2章(4)⑨

　　適応の問題に関する政府間交渉の経緯、そこでの主要な論点や今後の課題について論じる。

②大熊孝『増補　洪水と治水の河川史』（平凡社、2007年）

　　河川工学者による著作。洪水対策の近代化の歴史に続く、今後の方向性に関する記述では、自然と共存する水害対策への転換が唱えられている。

③三浦大介『沿岸域管理法制度論』（勁草書房、2015年）

　　環境の保全と自然災害の防止をともに視野に入れ、森・川・海に関するさまざまな法律が相互に連携される仕組みの必要性を説く専門書。

④気候変動による水害研究会『激甚化する水害』（日経BP社、2018年）

　　写真やデータ・図表を多く用いながら、地球温暖化の脅威やそれへのさまざまな対策を示し、とりわけ適応策の必要性を強調する。

⑤山田洋「気候変動への適応と水害リスクの防御」法律時報91巻8号（2019年）

　　適応策の一環としての水害対策をまちづくりの施策に組み込む際に、水害リスクという不確実性にいかに対処すべきかなどについて専門的に論ずる。

⑥三好規正「豪雨災害と行政の役割」法学教室 No. 476（2020年）

　　これまでの開発規制の不備や流域治水について概観する。流域治水については、同著者による『流域管理の法政策』（慈学社出版、2007年）などの一連の著作も参照。

⑦文部科学省・気象庁「日本の気候変動2020」（2020年）

　　https://www.data.jma.go.jp/cpdinfo/ccj/index.html

　　日本の気候変動について、観測された事実とともに、世界平均気温が2℃および4℃上昇する2つのシナリオをもとにした将来予測を整理する。

オゾン層破壊問題

[久保はるか]

▶ 1　オゾン層の破壊は、何が原因で起こったか

まず、オゾン層破壊のメカニズムと、オゾン層破壊の原因となる物質が何に使われてきたのかについて知ろう（参考文献・資料①の第1・2章を参照）。

(1)　オゾン層が破壊されるメカニズムと解決方法

オゾン層とは、成層圏に集まったオゾン（O_3）の層で、太陽からの紫外線を吸収する作用がある。オゾン層のおかげで、生物にとって有害な紫外線が降り注ぐのが防がれ、生態系が守られている。オゾン層破壊問題とは、そのオゾン層が破壊されて層が薄くなることによって、地上に降り注ぐ紫外線の量が増加し、皮膚がんなどの健康被害や農作物の生育不全など生態系への影響が引き起こされるという問題である。特に、1980年代に南極上空のオゾン層が薄くなっていることが観測され、この「オゾンホール」の出現が、人々に危機感をもたらした。

☞ 観測された現在の南半球のオゾン層の状況（参考文献・資料⑤も参照）

オゾン層の破壊は、なぜ起こるのか。その主な原因は、人工的に作られた化学物質とオゾン（O_3）との化学反応にある。オゾン層破壊をもたらす化学物質（これを「オゾン層破壊物質」という）のうち、量が多く影響が大きいとして最初に問題にされたのが「フロン」（CFCs）である。ここでフロンによってオゾン層が破壊されるメカニズムを説明しよう。オゾン層の破壊は、オゾン（O_3）がフロンに含まれる塩素（Cl）を触媒に分解されることによって起こる。つまり、フロンを組成する塩素（Cl）とオゾン（O_3）との反応によってO_3が分解され、一酸化塩素（ClO）と酸素（O_2）となり、塩素（Cl）を介した触媒反応がくり返されるのである。

塩素（Cl）を含む化学物質自体は多く存在し、多様に使われている。その中で、フロンがオゾン層を破壊してしまうのは、化学物質としての性質が安定し

23

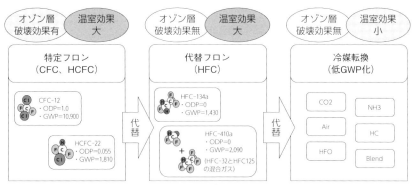

図1　フロンと代替物質

※ＯＤＰ：オゾン層破壊係数（CFC-11を1とした場合のオゾン層に与える破壊効果の強さを表す値）
　ＧＷＰ：地球温暖化係数（CO2を1とした場合の温暖化影響の強さを表す値）

出典：経済産業省・環境省資料（平成28年度）『フロン排出抑制法の概要～フロンに関するライフサイクル全体の取組～』より抜粋

ていて分解されにくいことによる（難分解性という）。安定した物質は、長期にわたって大気中に漂い蓄積される。大気中に蓄積されたフロンが成層圏に達し、そこで紫外線によって分解された結果、塩素（Cl）が上記の反応を起こしてしまうのである。そして、フロンは安定性・安全性の高さゆえに、扱いやすい万能な物質としてさまざまな用途で大量に使われてきた。そのことが、オゾン層を破壊するほどの影響をもたらしたといえる。

　したがって、オゾン層保護のためには、オゾン層を破壊する化学物質の製造・使用を禁止する／これらの物質の気体が大気中に放出されないようにするという措置が求められることとなる。さらに、商品に使われている化学物質の製造・使用を禁止するためには、その代わりとなる代替物質の開発が欠かせない。これらの取組みをセットとして、オゾン層保護策が講じられることとなった（代替物質への転換について、図1を参照）。また、オゾン層破壊は、地球規模の問題であるから、このような措置を国際協力のもとで導入することが求められたのである。

(2)　フロンは何に使われてきた？

　規制が検討された1980年代、フロンはさまざまな用途に用いられていた。主要な用途は冷媒、発泡剤、洗浄剤、エアゾールであった。冷媒は、エアコン

（家庭用／業務用／カーエアコンなど）や冷蔵冷凍庫（家庭用／業務用）で使用され、洗浄剤としては精密機器の製造過程で多く使用されていた。エアゾールとしては、日用品を含むスプレー製品で使用され、発泡剤としては、食品用容器を含む発泡スチロールで使用されていた。私たちの日常生活にかかわる広範囲で使用されていたことがわかる。

フロン類以外にもオゾン層に対して同じように作用する化学物質がある。消火剤に使用されていたハロン、CFCs の原料である四塩化炭素、洗浄剤で使われていた1,1,1-トリクロロエタン、農薬に使用されていた臭化メチルもオゾン層破壊物質として規制対象となった（後述）。

2　どのようにしてオゾン層破壊の問題を解決しようとしたか

オゾン層保護の取組みは、地球環境問題に対する国際合意に成功した例として取り上げられることが多い（成功した環境政策の事例について、参考文献・資料④を参照。ただし「オゾンホール」の解消には時間がかかり、現在もなくなっていない。参考文献・資料⑤を参照）。なぜオゾン層破壊の問題で成功することができたのだろうか。以下の説明を読みながら、その理由を探ってみよう。

(1)　国際的な議論と合意形成

オゾン層破壊は、国家を超える地球規模の問題領域であるため、問題解決には多数国間の協力が必要となる。また、オゾン層破壊による環境や健康への被害は、各国内で直接みえにくい種類の問題でもある。このような問題に対してどのように合意形成したのだろうか（国際交渉について参考文献・資料②を参照）。

①　国際的な合意形成：ウィーン条約

地球環境問題が国際的な協議の俎上に乗るに至るプロセスはさまざまであるが、オゾン層破壊問題の場合、1970年代からすでに国内対策を先行して実施していたアメリカなどの国が国際的な協議を働きかけた。アメリカでは、研究者による問題の警鐘が消費者行動や世論の高まりにつながり、まずエアゾール製品への規制が導入されていた。つまり、地球環境問題の解決には、国際的な議論を主導する主体（国、国際機関、国際 NGO など）が欠かせないといえる。国際的に問題提起された後の国際的な合意形成は、各国政府間の交渉を経てなされ

る。各国の国内事情はさまざまであるから、国家間交渉は各国の利益のぶつかり合いと調整のプロセスとなる。オゾン層保護のための条約・議定書策定の経緯から、国際環境政策の合意形成プロセスを学ぶこととしよう。

　まず、国際的な議論は、1977年から本格的に始められた。条約策定に至る過程では、より厳しい規制の導入を求める北欧やアメリカ、科学的な証拠が不十分であることを理由に規制導入に反対するヨーロッパ（旧EC）、日本、旧ソ連との対立があり、両者の妥協点を探りながら合意形成がなされた。

　そして、1985年３月ウィーンで開催された政府代表団による会議で「オゾン層の保護のためのウィーン条約」（ウィーン条約）が採択された。ウィーン条約は、オゾン層対策のための具体的な規制措置を定めない「枠組条約」であったが、オゾン層保護のための国際的な枠組みが制度化されたことに大きな意義があった。また、実際に「南極オゾンホール」という目にみえるオゾン層の損害が観測されたのは、ウィーン条約採択後、同じ年の10月であったから、ウィーン条約は、被害が顕在化する前に予防原則の観点からの取組みを約束する画期的な条約であったと評価されている。ウィーン条約のように、条約で取組みの大枠を決めて具体的な措置は別個に議定書で規定するという方式は、「枠組条約方式」として、後の環境条約のモデルとなった（Part1の7の3(1)）。

② 国際的な合意形成：モントリオール議定書

　このように、ウィーン条約が採択された当時は、科学的証拠が不足していることを理由に具体的な対策までは合意できず、国際的な規制措置に消極的な意見も依然として強かった。ところが、２年後の1987年９月には、オゾン層破壊物質を段階的に削減する規制的措置を定めた「オゾン層を破壊する物質に関するモントリオール議定書」（モントリオール議定書）が採択され、さらに２年後の1990年にはオゾン層破壊物質を「全廃」する目標が決定された。このような規制強化が国際的に合意された理由はさまざま指摘されている。

　まず、1987年９月にモントリオールで開催された外交会合で、国家間に対立がある状況で合意（モントリオール議定書）に至ることができたのは、交渉をリードするアメリカなどの働きかけと、議長を務めたUNEP事務局長のムスタファ・トルバのリーダーシップが大きかったと指摘されている。

　また、1987年のモントリオール会合には、多くの環境NGOがオブザーバーとして参加して世界の注目を浴びた。現在では、環境NGOが国際会議での議

表1 90年代の CFCs と HCFCs の削減規制強化（基準年と比べた%）

オゾン層破壊物質	基準年	当初議定書（1987）	ロンドン会合（1990）	コペンハーゲン会合（1992）	ウィーン会合（1995）
CFCs	1986	1989〜　100%以下 1993〜　80%以下 1998〜　50%以下	1989〜　100%以下 1995〜　50%以下 1997〜　15%以下 2000〜　全廃	1989〜　100%以下 1994〜　25%以下 1996〜　全廃	同左
HCFCs	1989	規定なし	規定なし	1996〜　100%以下[*1] 2004〜　65%以下 2010〜　35%以下 2015〜　10%以下 2020〜　0.5%以下 2030〜　全廃	1996〜　100%以下[*2] 2004〜　65%以下 2010〜　35%以下 2015〜　10%以下 2020〜　全廃

[*1] （HCFC の1989年消費量）＋（CFC の1989年消費量）×3.1%の値
[*2] （HCFC の1989年消費量）＋（CFC の1989年消費量）×2.8%の値
出典：筆者作成

論や各国政府に対して影響力を発揮するのは見慣れた光景となったが、オゾン層保護のための国際会議はその萌芽であったと位置づけられる。

そして規制強化の背景として重要なのが、オゾン層破壊に関する科学的な知見が蓄積されたことと、オゾン層破壊物質の代替物質が開発され一般的に普及したことである。この2点については、(2)で詳しく述べることとする。

③　モントリオール議定書の内容

モントリオール議定書では、締約国共通の規制として、オゾン層破壊物質の生産量および消費量（消費量＝生産量＋輸入量－輸出量）を段階的に削減するスケジュールが定められた（議定書2条）。最初の議定書では、オゾン層破壊物質として CFCs とハロンが指定された。この規制方法では、オゾン層破壊物質の製造量と使用量をコントロールするので、確実に削減することが可能である。他方で、すでに商品に使用されているフロン類が大気に放出されることは容認することとなった。

議定書は、規制措置を再評価して強化しうるシステムを定めており（議定書6条）、この手続きに基づいて、規制物質の追加（1990年に四塩化炭素、1,1,1-トリクロロエタンを追加、1992年に HCFCs、臭化メチルを追加）や全廃に向けた削減スケジュールの強化が決定された（表1参照）。

④　先進国の責任と途上国の取組みの重要性

議定書では、これまでのオゾン層破壊が先進国の責任によることが明確にされた。そして途上国の経済発展を阻害しないために、途上国（1人あたりの消費量が0.3kg以下の国）は規制措置の実施時期を10年遅らせることができると定められた（議定書5条1項）。とはいえ、1995年にはCFC、ハロン、四塩化炭素および1,1,1-トリクロロエタンについて、2007年にはHCFCについて、途上国に対する規制強化も決定された。

⑵　科学技術の進展と国際協力

①　科学者・専門家の国際ネットワーク

オゾン層対策に消極的な国は、科学的な根拠が不十分であることをその理由に挙げていた。そこで、国際的な合意を取りまとめるには、対策の必要性を示すに十分な科学的な根拠が必要であり、国際的な協力体制がつくられた（参考文献・資料③を参照）。

まず、オゾン層破壊の実態解明には、世界各国の科学者から成る「オゾン・トレンド・パネル」が大きな役割を担った。そして、1987年には、条約体制の下で科学的な知見を提供する機関として、TEAP（技術経済アセスメントパネル）が設置された。TEAPによる評価結果は、議定書の規制措置を見直す際に用いられ（議定書6条）、規制を強化することが低コストでかつ技術的に実現可能であると示されたことが、その後の規制強化を促すこととなった。

TEAPのメンバーは、世界各国の産業団体や著名な専門家から構成された。TEAPの専門家を通じて、オゾン層保護の重要性やオゾン層を破壊しない代替技術を導入することの経済的利益について、各国の事業者に共有されたという。また、TEAPによる途上国への技術支援が、全世界的な取組みの実効性を上げることにも寄与したという。このように、TEAPには「実施を促す機能」があったことが指摘されている。

②　代替物質の開発における国際協力

代替物質の開発も国際的な協力によって進展した。背景として、オゾン層破壊物質に対する規制が「量的な削減」から「全廃」へと強化されたことで、企業間の協力体制が構築されやすくなったことが指摘されている。削減だと市場の奪い合いが生じるが、全廃だと事業者が等しく負担を被るため、利害調整が

しやすくなると考えられるからである。

　議定書が定めた締約国共通の目標達成に向けて、事業者間の共同開発や情報交換のための国際的なネットワークが形成され、代替物質の実用化が進められた。特に、各社各国単位で行うにはコストのかかる新規物質の毒性評価・環境影響評価のための国際的なコンソーシアムが作られた。このように代替技術による問題解決が可能であり、国際的な協力体制を構築しやすく、対策の立案と実施が比較的容易だった点が、オゾン層保護の特徴である。

⑶　条約・議定書の実施

　次に、条約で約束した国際合意は、どのようにして実行されるのだろうか。それは、各国が条約・議定書に参加することを決定し（締結）、条約・議定書が定めた措置を国内で実施することによって実現される。条約体制では、条約・議定書に締結した国々（締約国）が必要な措置を実施しているか、チェックをする手続（遵守手続：議定書8条）や、年間生産量などの統計資料を議定書事務局に提出させること（議定書7条）によって、各国の実施を促している。

①　日本の国内法：オゾン層保護法とフロン排出抑制法

　日本では、1988年に「特定物質等の規制等によるオゾン層の保護に関する法律」（オゾン層保護法）を制定して、条約・議定書で定められた措置を国内で実施する体制を整えた。まず、オゾン層破壊物質の製造業者・輸出入業者に対して、議定書のスケジュール通りに製造量・輸出入量を削減するための規制を導入した。年間に製造してもよい量を定めて、製造業者にその量以上製造しないように規制したのである。国内のフロン類製造業者の数が限られていたことから、管理しやすく実効性の高い措置だったといえる。このように、「対策自体の容易性」もオゾン層保護問題の特徴であった。

　他方で、製造量の削減に応じて使用量を減らしていかなければならない使用業者（オゾン層破壊物質を製品に使用して販売する業者：家電メーカー、自動車メーカー、発泡スチロールメーカーなど）への対応も必要となった。このように直接の規制対象者ではない関係事業者に対する対策は、法において「努力義務」として定められた。

　議定書では、各国の判断でより厳しい基準設定・規制措置をとることも可能としており（議定書2条11項）、議定書よりもスケジュールを前倒しするなどの

上乗せ・横だし規制を導入する国もあった。日本では、使用中・使用済みフロンが大気に放出されるのを防ぐためのフロン回収の取組みが進められた。初期に行われたフロンの回収は、製造量の削減分を補うために再利用目的でなされていた。ところが代替物質の開発が急速に進展した結果、削減分を再利用で補う需要が減少すると、今度はオゾン層保護を目的に、フロンが大気に放出されることを防ぐための措置が講じられ、フロン回収破壊法が制定されるに至った（2001年）。フロンを回収破壊することは条約・議定書で課された法的義務ではなく、日本独自のオゾン層保護対策といえる。日本は、国際交渉が始まった当初、消極的な立場を取っていたが、科学的な根拠が明確になり、かつ代替物質のめどが立って経済的な損失に対する懸念が払拭されたこと、フロン回収の必要性を訴える世論が高まったことが、このような対策を促したといえる。

　家庭用の冷蔵庫・エアコンの冷媒に使用されるフロンは、特定家庭用機器再商品化法（家電リサイクル法、1998年）の枠組みで回収・破壊されることになった。業務用の冷凍空調機器はフロン回収破壊法、自動車のカーエアコンは「使用済自動車の再資源化等に関する法律」（自動車リサイクル法、2002年）の枠組みで回収・破壊される。冷媒用途以外のフロン類については、ガイドラインなどで回収と破壊を促している。フロン回収破壊の仕組みは、フロンを使用する機器製造業者、フロン回収業者、破壊業者の取組みを定めるものである。

　② 　オゾン層保護と気候変動対策とのリンケージ：HFCs の対策

　フロン類は温室効果が高いため、大気に放出されると、オゾン層に影響を与えるだけでなく、気候変動の原因にもなる。そこで、大気に放出されたフロンを回収破壊するフロン回収破壊法は、オゾン層保護を目的とすると同時に気候変動防止の目的も併せもっていた。

　フロンの代替物質として開発された HFCs はオゾン層破壊物質ではないので、オゾン層保護法の対象ではない（図1を参照）。他方で、温室効果が高いため何らかの対策が必要だと認識されており、HFCs もフロン回収破壊法の対象とされた。なお、フロン回収破壊法は、2013年に、気候変動対策の強化を目的に、HFCs 対策の強化、回収率を上げるための措置が追加され、名称も「フロン類の使用の合理化及び管理の適正化に関する法律」（フロン排出抑制法）に改められた。

　HFCs はオゾン層破壊物質ではないがフロンの代替物質であるので、フロン

表2　HFCs の削減スケジュール（キガリ改正）

	先進国	途上国第1グループ	途上国第2グループ
基準年	2011-2013年	2020-2022年	2024-2026年
削減スケジュール	2019年　90%[*1]	2029年　90%[*1]	2032年　90%[*2]
	2024年　60%	2035年　70%	2037年　80%
	2029年　30%	2040年　50%	2042年　70%
	2034年　20%	2045年　20%	2047年　15%
	2036年　15%		

※途上国第1グループ：発展途上国であって、第2グループに属さない国
※途上国第2グループ：印、パキスタン、イラン、イラク、湾岸諸国
[*1]　（各年の HFC 量の平均）+（HCFC の基準値）×65%
[*2]　（各年の HFC 量の平均）+（HCFC の基準値）×15%
出典：外務省「モントリオール議定書締約国会合」（MOP28）資料をもとに筆者作成

と同じ規制措置の枠組みに位置づけることが合理的だという考え方は、国際的な議論でも共通しており、モントリオール議定書で HFCs の対策を実施するための議定書改正が行われた（キガリ改正：2016年採択、2019年発効）。それを受けて、日本でも2018年にオゾン層保護法が改正され、HFCs をオゾン層保護法の対象に加えることとなった。HFCs をオゾン層保護の枠組みに位置づけることの利点は、製造・輸出入規制と回収・破壊といった実行力のある措置の対象となることにある。この点、気候変動対策の措置と比較するとよいだろう。HFCs はオゾン層破壊物質ではないので気候変動対策の枠組みで対策を講じられるのが筋であろうが、実効性の高いモントリオール議定書に位置づけられ、それを受けて国内でもオゾン層保護法で対策することとなったのである。

まとめてみよう
・なぜ、オゾン層保護の取組みは「成功」したのだろうか。本文から、その要因をピックアップしてみよう。
・条約・議定書の目的を達成するためには、実施のプロセスが重要である。オゾン層保護の事例から、実施のプロセスでどのようなことが行われるのか、まとめてみよう。

考えてみよう
・オゾン層破壊の問題と気候変動問題とを比べてみよう。どのような点に違いがあるだろうか。

〈参考文献・資料〉

①石井史・西薗大実『ストップ・フロン』（コモンズ、1997年）

　　オゾン層破壊問題と解決策について全体像がわかる書。最終章では、フロン回収を
　促した市民運動の力が語られている。

②リチャード・E.ベネディック（小田切力訳）『環境外交の攻防』（工業調査会、1999
　年）

　　オゾン層保護をめぐる国際交渉をアメリカ代表団として経験した著者による、交渉
　の舞台裏について詳細に記録した書。

③ペネロピ・キャナン、ナンシー・リッチマン（小田切力・藤本祐一訳）『オゾン・コ
　ネクション』（日本評論社、2005年）

　　オゾン層保護の取組みを促進させた国際的な協力体制（ネットワーク）について書
　かれた書。TEAPについても詳しい。

④マルティン・イェニッケ、ヘルムート・ヴァイトナー（長尾伸一・長岡延孝監訳）
　『成功した環境政策』（有斐閣、1998年）

　　成功した環境政策を取り上げ、成功の要因を分析した書。第10章にオゾン層保護の
　事例が紹介されている。

⑤気象庁HP「南極域の月平均オゾン全量分布図（各年10月の分布図）」

　http://www.data.jma.go.jp/gmd/env/ozonehp/link_hole_monthave.html

　　1979年から現在までの南極上空のオゾン層の状況変化を知ることができる。

4 世界遺産・国立公園の保全問題

[田中俊徳]

1 世界遺産を訪れたことはありますか

　皆さんは、世界遺産を訪れたことがあるだろうか。屋久島、知床、富士山、小笠原諸島……有名なところがたくさんある。では、国立公園はどうだろう。おそらく、「富士山に行ったことはあるけど、あそこは国立公園だったっけ？」という感じではないだろうか。日本では世界遺産の方がずっと有名なので、それも無理はない。実は、世界遺産の例で挙げた場所（屋久島、知床、富士山等）は、すべて国立公園でもある。世界遺産と国立公園は、イコールではないが、とても似ている制度である。本章では、大きく３つの話をしたい。①世界遺産と国立公園の関係について（保護担保措置と歴史的経緯）。②実務上は、国立公園がより重要な役割を担うこと（自然公園法と自然保護官）。③国立公園や世界遺産で生じている代表的な課題（過剰利用）。この章を読めば、世界遺産や国立公園への旅がもっと深く、楽しくなるだろう。

2 世界遺産と国立公園の関係──保護担保措置とは何か

　世界遺産とは、「世界の文化遺産及び自然遺産の保護に関する条約」（世界遺産条約）に基づく世界遺産リスト（the World Heritage List）に記載された資産（property）のことを指す。世界遺産条約は、1972年に採択され、日本は1992年に125番目の加盟国として同条約を受諾した。世界遺産条約の目的は、「顕著な普遍的価値を有する文化遺産及び自然遺産を認定、保護、保全、公開するとともに、将来の世代に伝えていくこと」（参考文献・資料①）である。同条約は、加盟国が20カ国に達した1975年に発効し、2021年現在、194カ国が加盟している。世界遺産リストには897件の世界文化遺産、218件の世界自然遺産、39件の世界複合遺産、計1154件が登録され、日本には、25件の世界遺産がある（文化遺産20件、自然遺産５件）。加盟国の多さや認知度の高さ、高い人気から「ユネ

スコでもっとも成功した条約」ともいわれる。

　そんな世界遺産を「世界遺産」たらしめるものが、実は国立公園であることはあまり知られていない。その謎を解くカギは「保護担保措置」である。条約の運用指針97項は、下記のように定めている。

> 「世界遺産一覧表に登録されているすべての資産は、適切な長期的立法措置、規制措置、制度的措置、及び／又は伝統的の手法により確実な保護管理が担保されていなければならない。その際、適切な保護範囲（境界）の設定を行うべきである（以下略）」

　つまり、「世界遺産」として登録するためには、地域指定に基づく保護管理が法や制度によって確実に担保されている必要がある。日本の場合、文化遺産では、文化財保護法に定められる国宝や特別史跡、国指定重要文化財などが「確実な保護管理を担保する措置」（保護担保措置）にあたり、自然遺産の場合は、自然公園法に定められる国立公園や国定公園などが、これにあたる。日本の世界自然遺産を例にとれば、屋久島、知床、小笠原諸島は、国立公園を主たる保護担保措置としており、白神山地は、自然公園法に基づく国定公園を保護担保措置の1つとしている。なお、日本の場合、1つの法律を以て保護担保措置となることは少なく、複数の法制度によってパッチワーク的に担保される。自然遺産の場合は、国立公園の他に、自然環境保全法に基づく原生自然環境保全地域や「鳥獣の保護及び管理並びに狩猟の適正化に関する法律」（鳥獣保護管理法）に基づく国指定鳥獣保護区などが束となって保護管理を担保する。文化遺産である富士山も構成資産の99%が国立公園に指定されており、日光の社寺や熊野古道、石見銀山といった文化遺産についても、自然公園法に基づく国立公園が保護担保措置の1つとなっている点は特筆すべきである。

　また、リチャード・ニクソン大統領（当時）が世界遺産条約のことを「アメリカで誕生した国立公園概念の世界規模化」と述べたように、歴史的にも世界遺産は国立公園制度を参考に設計されている（歴史的経緯をより深く知りたい人は、参考文献・資料②にある拙稿「緑の三角形を創る：法と歴史と政策の百年」や参考文献・資料③を参照のこと）。つまり、「世界遺産をしっかりと守らなければならない」という世論における広範な合意を実務の観点から換言すれば、「国立公園をしっかりと守らなければならない」ということになる。それでは、国立公

園とはいったいどのような制度なのだろう。

3 国立公園と自然公園法

(1) 国立公園と自然公園法の概要

　国立公園は1872年にアメリカ合衆国のイエローストーン国立公園設置を嚆矢
とする近代初の自然保護制度とされる。「アメリカの発明した最良の概念」
（America's Best Idea）とも呼ばれ、現在では150カ国以上に採用される最も普
遍的な自然保護制度である。グランドキャニオンやガラパゴス諸島など、著名
な自然地域の多くが国立公園に指定されている。日本では、優れた自然の風景
地を保護し、国民の利用に供することを目的として、1931年にアジアで最初の
国立公園法（1957年から自然公園法）が制定され、1934年に最初の国立公園が指

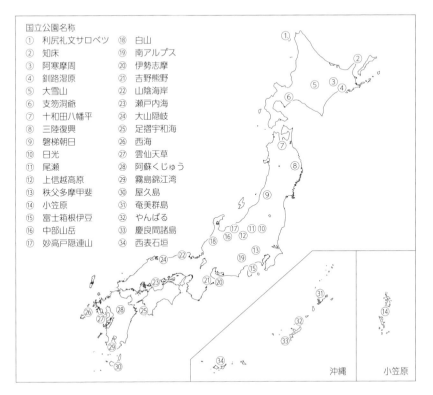

国立公園名称
① 利尻礼文サロベツ
② 知床
③ 阿寒摩周
④ 釧路湿原
⑤ 大雪山
⑥ 支笏洞爺
⑦ 十和田八幡平
⑧ 三陸復興
⑨ 磐梯朝日
⑩ 日光
⑪ 尾瀬
⑫ 上信越高原
⑬ 秩父多摩甲斐
⑭ 小笠原
⑮ 富士箱根伊豆
⑯ 中部山岳
⑰ 妙高戸隠連山
⑱ 白山
⑲ 南アルプス
⑳ 伊勢志摩
㉑ 吉野熊野
㉒ 山陰海岸
㉓ 瀬戸内海
㉔ 大山隠岐
㉕ 足摺宇和海
㉖ 西海
㉗ 雲仙天草
㉘ 阿蘇くじゅう
㉙ 霧島錦江湾
㉚ 屋久島
㉛ 奄美群島
㉜ やんばる
㉝ 慶良間諸島
㉞ 西表石垣

沖縄　　　小笠原

定された。2021年現在、34カ所が国立公園に指定され、北は北海道の釧路湿原や大雪山、南は沖縄の慶良間諸島や西表島まで、変化に富んだ景観や生態系が保護されている。自然保護に関する法律には、自然環境保全法、鳥獣保護管理法、「絶滅のおそれのある野生動植物の種の保存に関する法律」（種の保存法）、エコツーリズム推進法等があるが、なかでも、自然公園法と国立公園制度は、「質・量ともに最も重要な自然保護制度」（参考資料・文献②）や「生物多様性保全の屋台骨」（環境省『新・生物多様性国家戦略』）とされ、日本における自然保護法の中核をなしている。

　自然公園法では、自然公園を「国立公園、国定公園、都道府県立自然公園」の３つに分類する。国立公園については「我が国の風景を代表するに足りる傑出した自然の風景地」、国定公園については「国立公園に準ずる優れた自然の風景地」、都道府県立自然公園については「優れた自然の風景地」と、幅広く定義し、さらに細かい規定を要領で加えている（「国立公園及び国定公園の候補地の選定及び指定要領」では、1．景観、2．規模、3．自然性、4．利用、5．地域社会との共存、6．全国的な配置、の６つについて規定）。重要な点として、①国立公園は、国（環境大臣）が指定し、国（環境省）が管理する、②国定公園は、国（環境大臣）が指定し、都道府県が管理する、③都道府県立自然公園は、都道府県知事が指定し、都道府県が管理する、という違いがある。国土に対する割合は、国立公園が5.8％、国定公園が3.8％、都道府県立自然公園が5.2％で、合計すると国土の約14.8％が自然公園に指定されていることになる。

⑵　国立公園制度の類型と特徴

　国立公園には、大きく２つの類型がある。１つは、アメリカやカナダ等に特徴的なように国有地や公有地をもって国立公園に指定するものである（「営造物制」と呼ばれることがある）。大自然に向かって道路が一本伸び、国立公園に入る際にゲートや大きな看板が設置され、入園料を支払うことが多いため、訪問者も「国立公園に行く」という意識をもつことが一般的である。アメリカの場合、国立公園の中は、国立公園局の職員が、道路の管理や犯罪捜査、消防まですべてを担うのが特徴である。

　一方、日本や韓国、イギリスのように国土が比較的狭く、歴史的にも複雑かつ高密度な土地利用のなされてきた国では、大規模な国有地を国立公園に専用

することが難しいため、国有地であるかどうかを問わず「公用制限」という手法で国立公園を指定することが一般的である（日本では「地域制」と呼ばれる）。地域制国立公園の場合、国有林や私有地などさまざまな目的をもつ土地が含まれるので、国立公園は規制行政としての側面をもつことになる。たとえば、国立公園内にある土地は公有地、私有地を問わず、景観を保護するために自由な建築行為や伐採、土砂の採取、開発等が規制される（行為や地種区分により許可か届出かの判断は異なる。自然公園法20〜22条を参照のこと）。

尾瀬ヶ原の風景（尾瀬国立公園）

最も厳格に保護される特別保護地区の7割が東京電力の私有地。多様な主体の協力によって管理されている日本型国立公園の代表事例。（筆者撮影）

　日本の国立公園の場合、約26％が私有地であり、約60％が林野庁の管理する国有林、約13％が公有地である。管理者である環境省が所管する土地は約0.4％しかない。たとえば、富士山の標高3360mより上は、富士山本宮浅間神社の私有地である（1974年最高裁判決で確定）。ある研究によれば、日本の国立公園内の居住人口は約190万人と推計されている（環境省は約70万人としている）。このように土地利用が複雑で、多くの住民がいる場所を国立公園として指定しているため、アメリカの国立公園のようなわかりやすさがなく、「国立公園に行く」という特別な感覚に乏しいのが日本の国立公園である。

⑶　自然保護官と「弱い地域制」

　国立公園を守っているのは、どんな人たちだろう。NPOや市民ボランティアなど多くの人々が、それぞれの立場で保全管理に参加しているのが、日本型国立公園の特徴だが、中核的な役割を担っているのは、自然保護官（通称：レンジャー）と呼ばれる国家公務員である。自然保護官は、環境省本省のある霞が関と地方環境事務所、現場（国立公園等）を2〜3年毎に異動するが、これは国際的にみると特異な事例である。海外の国立公園とは異なり、国立公園毎

の意思決定機関が存在せず、許認可事業は、複数の現地事務所を束ねる地方環境事務所や環境省自然環境局にて決裁される。参考文献・資料④によると、自然保護官は「現場重視」の哲学をもっているとされるが、構造的には、霞が関の論理に引きずられる傾向を強くもっている点は留意すべきである。

　各国立公園に配属されている自然保護官は2018年時点で平均３名（非常勤職員を加えると６名）であり、各国と比して、極めて人員が少ないという特徴をもつ。たとえば、イギリスでは、国立公園あたり60〜230名、韓国では50〜160名の職員が勤務している。アメリカやカナダなどは、１つの国立公園に数百名の職員が勤務している（イエローストーン国立公園だけで、800名の職員と33億円の予算がある／2019年）。

　また、国立公園の管理に際する基本原則の違いも興味深い。日本と同じ地域制を採用するイギリスの国立公園には、サンドフォード原則（Sandford principle）と呼ばれる保全優位原則がある。これは、国立公園内において「保全と利用の二つの利害が衝突する場合には、前者を優先させる」（環境法62条）ことを定めたものである。国立公園であれば、ごく当然の原則と思われるが、日本の国立公園はおよそ真逆の条項を有している。自然公園法４条は「関係者の所有権、鉱業権その他の財産権を尊重するとともに、国土の開発その他の公益との調整に留意しなければならない」と定めており、環境法学者の畠山武道は、これを「開発調和原則」と呼び批判している（参考文献・資料⑤）。同様の項目は、同じく自然保護を定める自然環境保全法や文化財保護法にもみられる。行政判断の段階で「公益との調整に留意」する必要があるということは、開発寄りの妥協がなされやすいということでもある（実際に日本の自然保護は極めて妥協的である）。以上のように、日本の国立公園は、人員も予算も少なく、権限も弱い点が課題である。長く、アメリカやカナダなど異なる土地所有制度を採る国と比較して「日本の国立公園制度は弱い」といわれてきたが、イギリスや韓国といった日本と同様の制度に依拠する国と比較すると「地域制だから弱い」のではなく、法的行政的に「弱い地域制」であることが指摘されている。

(4)　公私協働の仕組み

　行政資源の限られた日本の国立公園では、民間部門と協力する仕組み（公私協働）を先進的に取り入れてきた。1957年に導入された自然公園指導員や1985

年に導入されたパークボランティア制度は、いずれも無償のボランティアによって国立公園の保全活動（巡視や解説、清掃活動など）を実施するものであり、市民参加の先駆けといえる。2002年の自然公園法改正で誕生した公園管理団体や風景地保護協定、利用調整地区といった制度も、公私協働の枠組みとして興味深い。ただし、パークボランティア制度が、現実には「環境省のコーディネート不足」を理由として、十分に機能していないという研究もあり、風景地保護協定や利用調整地区といった画期的な制度も、開始から18年が経過しながら、活用例が非常に限られているなどの課題を残している。

▶ 4　国立公園・世界遺産におけるさまざまな課題

　国立公園や世界遺産で課題となっているのが、過剰利用（オーバーユース）である。富士山の大混雑はメディアでも頻繁に取り上げられるが、日本の国立公園では、利用をコントロールする仕組みが脆弱なため、各地で利用をめぐる問題が生じている。自らが管理権を有する土地をもたない環境省は、国立公園の管理を行うにあたって、土地所有者である林野庁や地方自治体、企業、公園内の住民や観光事業者に対する配慮が前提となり、法に規定されていない問題については、利害関係者との調整が不可欠となる。たとえば、国立公園（世界自然遺産）で、アマミノクロウサギやイリオモテヤマネコのような絶滅危惧種が車に轢かれて死亡する事故が多発して問題となっているが、アメリカの国立公園とは異なり、環境省は、道路の管理者ではないため、道路を閉鎖したり、規制したりする権限を有していない。渋滞による交通公害や交通上の危険が生じている場合は、道路交通法に基づく規制（自動車利用適正化やマイカー規制と呼ばれる）が可能となる場合もあるが、「動物を守るため」に公道を規制することは、2021年現在の道路交通法の運用では認められていない。このように、自然公園法は、開発行為に対しては、公用制限（許認可や届出）という方法を用いて、一定の統制を行うことが可能であるが、過剰利用やロードキル（動物の轢き殺し）といった新たな政策課題が生じた際には、地権者をはじめとする多様な利害関係者との調整が必要となる。この調整が多難であるため、人員も権限も乏しい環境省では、反対者の少ない利用推進事業ばかりが強調される傾向にある。世界遺産で生じている問題を解決しようと思えば、その土台となってい

る国立公園や自然公園法に目を向ける必要がある。

まとめてみよう

・世界遺産と国立公園の関係について、法や歴史の観点からまとめてみよう。

・「弱い地域制」とは何か。まとめてみよう。

考えてみよう

・自然保護と経済発展は矛盾するといわれることが多いが、どのような場合に両者を両立させることができるだろうか。友人と具体的なアイディアを出しながら、議論してみよう。

・身近で起こっている自然環境の課題には何があるだろうか。また、どのような仕組みがあれば、その課題を解決できるか考えてみよう。

〈参考文献・資料〉

①UNESCO, *Operational Guideline for the Implementation of the World Heritage Convention*, 2012

世界遺産条約の運用指針（定訳では「作業指針」と呼ばれる）。度々改訂される。ユネスコのウェブサイトでダウンロードが可能。

②国立公園研究会・自然公園財団編『国立公園論』（南方新社、2017年）

環境省のOBや現役の自然保護官が中心となってまとめた国立公園の本。国立公園に関する総論や個別の施策、課題、基礎データについて学べる。

③佐藤信編『世界遺産と歴史学』（山川出版社、2005年）

世界遺産の理念や制度、歴史、各国の動向について包括的に学べる教科書。

④田中俊徳「自然保護官僚の研究」年報行政研究53号（2018年）

日本における自然保護政策の決定・実施を担っている自然保護官僚の行政学的な分析を行った論文。

⑤畠山武道『自然保護法講義〔第2版〕』（北海道大学出版会、2004年）

自然公園法をはじめとする日本の自然保護関連法についてまとめた重要な教科書。やや古いが参照の価値が高い。

Part1
5　生物多様性の保全

［清家　裕］

　1　「生物多様性」と聞いてどんな生き物や景色を思い浮かべるか

　皆さんは「生物多様性」と聞いてどんな生き物や景色を思い浮かべるだろうか。ある人は遡上するサケをヒグマが捕らえる知床の雄大な自然を思い浮かべるかもしれない。ある人は初夏の田んぼの周りでアマガエルを追いかけてワクワクした記憶がよみがえるかもしれない。またある人は最近近所の公園でタンポポの花をみつけて春の訪れを感じたことを思い出すかもしれない。生物多様性は、こうしたありとあらゆる生物とそれをとりまく生態系の個性と相互のつながりを意味する視野の広い概念である。

　この生物多様性の保全が伝統的に自然環境政策の中心にあったかというと、そうではない。一昔前までは、自然保護といえば尾瀬や屋久島のような特定の場所にある原生的自然あるいはイリオモテヤマネコやトキのような珍しい生物・貴重な生物を守ることであるという理解が一般的であった。もちろんそうした原生的自然や貴重な生物を守ることの意義は今日も変わらないが、生物多様性の重要性の認識が広がり、近年、里地里山などを含む多種多様な生物や生態系にも目が向けられるようになった。

　この章では、こうした歴史を振り返りつつ、生物多様性を守る意義とこれに関する法制度を紹介したい（日本の自然環境政策を概観する書籍として参考文献・資料①参照）。

　2　自然環境政策の歩み

　伝統的に、日本の自然環境政策の中心には1931年に制定された国立公園法（現在の自然公園法）などに基づく優れた自然や傑出した風致景観の保護があった。別のいい方をすれば、国土から切り取られた特定の空間だけを保護の対象とする考え方が中心となっていた（なお、狩猟制度を基礎とした鳥獣保護の歴史に

ついては後述する)。

　これが変化したのは1990年前後からである。世界的に野生生物の絶滅や生息環境の悪化が急速に進んでいることへの危機感が高まり、1992年に開催された国連環境開発会議（地球サミット）において「生物の多様性に関する条約」（生物多様性条約）が採択された。また、日本ではその翌年（1993年）に制定された環境基本法において「生態系の多様性の確保、野生生物の種の保存その他の生物の多様性の確保が図られるとともに、森林、農地、水辺地等における多様な自然環境が地域の自然的社会的条件に応じて体系的に保全されること」（14条）が政策の指針として規定され、「生物の多様性」という言葉が法律に初めて登場した。さらに1995年には生物多様性に関する国の計画として生物多様性国家戦略が策定された。こうした国内外の動きを契機として、自然環境政策の対象は区切られた特定の空間から国土全体へと拡大していった。

　具体的には、「絶滅のおそれのある野生動植物の種の保存に関する法律」（種の保存法、1992年制定）や「遺伝子組換え生物等の使用等の規制による生物の多様性の確保に関する法律」（カルタヘナ法、2003年制定）、「特定外来生物による生態系等に係る被害の防止に関する法律」（外来生物法、2004年制定）など、生物の取扱いについて定める法制度が発展した。また、自然再生推進法（2002年制定）やエコツーリズム推進法（2007年制定）、「地域における多様な主体の連携による生物の多様性の保全のための活動の推進等に関する法律」（2010年制定）など人と自然環境との良好な関係の構築を後押しする法制度も現れた。さらに2008年に生物多様性基本法が制定され、日本の自然環境政策は「環境基本法―生物多様性基本法―各個別法」という法体系を構築するに至った。

　生物多様性の保全という政策課題の広がりに伴って、自然環境政策の目指す社会像として「自然共生社会」という考え方も広がった。自然共生とは、①生物多様性が適切に保たれ、②農林水産業を含む社会経済活動が自然と調和し、かつ③さまざまな自然とふれあう場が確保されていることであり（「21世紀環境立国戦略」2007年閣議決定）、生物多様性基本法も自然共生社会の実現を目的として掲げている（1条）。人々の暮らしが自然とともにあり自然と人間とが良好な関係を築いてきた日本ならではのこのビジョンは、2010年に名古屋で開催された生物多様性条約締約国会議（COP10）において国際社会にも共有された。

こうして、生物多様性保全の広がりや保護から共生への変化と相まって日本の自然環境政策のフィールドは広がり続けている。

3　生物多様性の保全

(1)　生物多様性とは

生物多様性基本法は、生物多様性を「様々な生態系が存在すること並びに生物の種間及び種内に様々な差異が存在すること」と定義している（2条1項）。多様性を「種」の多様性にとどまらず「種内（遺伝子）」、「生態系」を含めた3つのレベルで捉える考え方はもともと生物多様性条約が示したものである。

第1に種の多様性とは、世の中に多様な動物、植物、菌類などが存在しているということであり、図鑑を眺めたりドキュメンタリー番組をみたり自然の中で生物に触れたりするなかで誰もが種の多様性を感じた経験があると思う。未知の種も含めれば世界では約3000万種、日本では約30万種を超える生物が生息していると推定されており、種数が最も多いのは昆虫、2位は植物、3位はキノコ等の菌類である。

第2に遺伝子の多様性とは、同じ種の中でも個体や個体群の間で遺伝子レベルの違いがある、ということである。たとえばテントウムシの模様は遺伝子の違いによりさまざまなものがある。また野生のメダカは同じ種であるが日本の北側と南側とで異なる遺伝的集団となっている。

第3に生態系の多様性とは、さまざまな気候や地形、文化などの要因の中で多様な自然環境が形成され、そこに生息する生物が相互に関係し合って多様な生態系を作り上げているということである。日本でいえば屋久島の森や阿蘇の草原、沖縄のサンゴ礁など、世界に目を向けても南米の熱帯雨林やアフリカのサバンナ、そして砂漠や南極の海に至るまで、長い地球の歴史の中で形成されてきた生態系は多種多様である。

生物多様性はどこか遠い場所ではなく私たち一人一人の足下から広がっている。（筆者の自宅近くにて筆者撮影）

(2)　生物多様性の価値と危機

　多様な種、遺伝子、生態系にはそれぞれの「個性」と相互の「つながり」がある。多様な種はそれぞれ違いがあると同時に食物連鎖などの形で相互につながっており、また地域にもそれぞれ特有の自然や風景、文化があると同時にそれらは気象や地形、生物などを介して相互に影響しあっているのである。こうした個性とつながりは、生命の基盤となる水・大気などの環境、生活に不可欠な食料・木材などの資源、地域の文化、防災機能などさまざまな恵みをもたらしており、私たちの命と暮らしはこうした恵みがなければ存在しえないからこそ、生物多様性はそれ自体にかけがえのない価値がある（生物多様性から得られる恵みは「生態系サービス」とも呼ばれる。参考文献・資料①などを参照）。

　しかし、生物多様性はいま危機に直面している。その主な原因としては①開発などの人の活動による悪影響、②逆に人の自然に対する働きかけの減少による生息環境の変化、③外来種による脅威、④気候変動による生息環境変化、などが挙げられる。種、遺伝子、生態系の相互のつながりを通じて、あるものに生じた変化は他のものに影響する可能性がある。そうした変化が不可逆的に生じる臨界点（tipping point）に達することを回避するためには、今後10〜20年の私たちの行動が重要だといわれており、さまざまな取組みが進められている。

　以下、生物多様性保全に関する法制度のうち、特に生物の取扱いに関するものを概観する。

4　生物の取扱いに関する主な法制度

　日本には、既知の生物種が9万種以上、まだ知られていないものも含めると30万種を超える生物が生息していると推定され、また日本固有の種の割合も多い。世界的にも貴重なこの日本の生物相は、南北に長い国土と大きな標高差、数多くの島の存在、そして全体として四季の変化があることなどによって作られてきた。また農耕などを通じて適度に人が手を加えた環境が形成されてきた影響も小さくない。

　しかし、日本の野生生物の中には数が減って絶滅の危機に瀕している種もいれば、増えすぎて他の生物や人の生活に影響を与えている種もいる。また海外から人間の活動を介して入ってきた生物が日本の生態系にとって脅威になって

いる事例もある。こうした問題を解決するためにいくつかの法的アプローチがなされている。

(1) 鳥獣の保護と管理

野生生物に関する最も古い法制度は、今から100年以上前の明治に制定された鳥獣猟規則（1873年制定）やその後大正にかけて整備された狩猟法である。そもそも人は原始時代から野生生物を捕える狩猟を行い、日本でも古くから肉、毛皮、角などを手に入れるための主要な生業として狩猟が行われてきた。そうした背景から、最初の鳥獣猟規則の主眼は狩猟による事故防止などの公共の安寧秩序の維持であったが、その後狩猟法が整備される中で狩猟資源を保護するために鳥獣の保護・繁殖が強化され、1963年には法律名が「鳥獣保護及狩猟ニ関スル法律」に改称された。時代が昭和から平成に移ると狩猟の生業としての役割は次第に薄れ、また娯楽として狩猟を行う者も減っていった。その影響によりシカやイノシシなどの一部の鳥獣の数が増えて分布域を拡大し、近年は植物が過度に食べられてしまう食害や農作物への被害などの問題が生じている。こうした状況の変化を受けてさらに改正を重ね、現在の「鳥獣の保護及び管理並びに狩猟の適正化に関する法律」（鳥獣保護管理法）は鳥獣の保護のみならずその管理、すなわち鳥獣の生息数を適切な数に抑えることを通じて生態系や人の生活、農林水産業などを守ることも重要な目的としている（1条）。

鳥獣保護管理法の対象となる「鳥獣」とは野生の鳥類と哺乳類である（2条1項）。同法は原則として鳥獣の捕獲等を禁止しているため（8条）、私たちは町中でむやみにカラスやスズメなどを捕らえることはできない。その上で、捕獲してもその生息状況に著しい影響を及ぼすおそれのないイノシシやキジなど約50種を「狩猟鳥獣」に指定して、狩猟免許を取得した者による捕獲を認めている（2条7項）。また学術研究のために許可を得た場合や農林業との関係でやむをえない場合も捕獲を行うことができる（9条、11条および13条）。さらに、生息数が著しく減少または逆に増加している鳥獣については都道府県知事が計画を立てて主体的に保護または管理を実施することができる（7条、7条の2）。狩猟の適正化の観点から、狩猟者の免許制度や狩猟者が活動する地域での登録制度も設けられている（39条、55条等）。

近年、シカやイノシシなどによる農林業被害や生態系被害が深刻化してお

り、また狩猟者の減少や高齢化が進んでいることから、捕獲の担い手確保や地域ぐるみの鳥獣被害対策が求められている。

(2) 絶滅のおそれのある種の保存

　狩猟制度を基礎とした鳥獣保護管理法の系譜とは別に、正面から絶滅の危険性のある野生生物を守ることを目的とする制度として1992年に制定されたのが種の保存法である。同法は鳥類・哺乳類のみならず魚類や昆虫、植物などを含むすべての生物を対象とし、かつ日本だけでなく海外に生息する種も対象としている点において鳥獣保護管理法よりカバーする種の範囲が広い。

　種の保存法ではライチョウやイリオモテヤマネコのような絶滅のおそれのある種が「国内希少野生動植物種」として指定され、その個体の捕獲や殺傷、譲渡、販売目的の陳列、輸出入などが原則として禁止されている（9条、12条、15条、17条）。研究目的など特定の必要性が認められる場合に例外的に許可される点は鳥獣保護管理法と同様である。また、キタダケソウが生育する南アルプス北岳の山頂斜面など重要なエリアを国が「生息地等保護区」に指定して開発行為などを規制することができ（36条〜）、また佐渡のトキのように国が主体となって種の保護や増殖も行っている（45条〜）。一方、近年その重要性の認識が高まっている里地里山の昆虫や淡水魚、草原性の植物などについては、人の生活圏の中に生息しているがゆえに子供たちや住民が捕獲・採取することまでをも一律に禁止することが適当でなく、むしろ人が程よく手を加えて生息環境を維持することが重要な種もある。そこで、2017年の法改正において、販売などを目的とする大規模な捕獲等のみを禁止する種のカテゴリーが新たに設けられた（4条6項）。こうした種については住民や市民団体等の協力も得ながら生息環境の保全に取り組んでいく必要がある。2017年の改正では「認定希少種保全動植物園等」制度も創設された。皆さんも動物園や水族館に行った経験があると思うが、実は動物園や水族館などは保護・増殖を行う主体として種の保存にとっても重要な役割を担っている。そうした動物園等の取組みを後押しする認定制度が設けられ（48条の4〜）、2018年以後、岐阜県世界淡水魚園水族館と富山市ファミリーパークを皮切りに認定が進んでいる。このように国内に生息する種の保存についてはさまざまな主体が連携しながら種の置かれた状況に応じた対策をとることができるよう、制度や運用の改善が図られている。

海外に生息する種の保存については「絶滅のおそれのある野生動植物の種の国際取引に関する条約」（ワシントン条約）などを担保する形でジャイアントパンダやウミガメなど800種近くが「国際希少野生動植物種」に指定され、輸出入に際して一定の手続が義務づけられるとともに販売目的の陳列などの行為が禁止されている（15条等）。またゾウの密猟等につながるとして国際社会の目が厳しくなっている象牙などについては、個体や物品の登録制度による流通の管理や、譲渡等を行う事業者の届出制度なども設けられている（20条、33条の２等）。

(3)　外来生物等による被害の防止

　日本には海外から人の活動を介して入ってきた、いわゆる外来種が多く生息している。その外来種の中には生態系に悪影響を及ぼすものも存在しており、こうした侵略的外来種は日本の生物多様性に対する脅威となっている。

　たとえば沖縄島や奄美大島にハブ退治のために導入されたマングースがアマミノクロウサギなどの希少動物を補食し、また釣り魚等として利用されていたオオクチバスが各地の湖沼やため池に放流されて数を増やして生態系に影響を与えている。強い毒をもち生態系だけでなく人の健康への脅威にもなる南米産のヒアリは、2017年６月に国内で初めて確認されて以降、確認地域と件数が増えており、日本に定着してしまうことを防ぐことが急務となっている。

　こうした侵略的外来種から生態系を守るため、2004年に外来生物法が制定された。この法律では、生態系、人の生命若しくは身体又は農林水産業に被害を及ぼし、又は及ぼすおそれがある外来種を「特定外来生物」として指定する（２条１項）。2005年にアライグマ、オオクチバス、アルゼンチンアリ、セアカゴケグモなどが指定されたのを皮切りに、2006年に在来マルハナバチの生息を脅かすセイヨウオオマルハナバチなど、2015年にツマアカスズメバチなど、2017年に桜を枯らすクビアカツヤカミキリや観賞用に人気がある大型肉食魚ガー類が指定されるなど、現在までに100種類を超える指定が行われている。

　外来生物法では、特定外来生物についてはその飼養や輸入、譲渡、放出などが原則として禁止されている（４条～９条の２）。また必要があれば国や地方公共団体が対象種、区域、期間などを公示して捕獲・殺処分などの防除を行う（11条～20条）。国は被害を及ぼす疑いがあるが実態がよくわかっていない外来種を「未判定外来生物」に指定することもでき（21条）、未判定外来生物は影

響の判定がなされるまで輸入が制限される（22条、23条）。

　奄美大島のマングース対策が先進的取組みとして国際的に注目されるなど、防除の取組みにより在来種の回復などの成果が得られた事例もあるが、成功例はまだ多くない。侵入の未然防止やヒアリのように非意図的に侵入する外来種への対策なども含めて取組みの強化が求められる。

 ## 5　社会経済システムに生物多様性の保全を組み込んでいく

　今後、生物多様性の重要性がより高まっていくに従って、社会経済システムの中に生物多様性の保全を組み込んでいくことが求められる。このパートで紹介した規制的手法に加えて、みえる化などの情報的手法やインセンティブを付与する経済的手法などさまざまなアプローチを模索していく必要がある。

まとめてみよう
- 生物多様性の意味とその価値および危機についてまとめてみよう。その上で生物多様性を守る必要性について自分の考えをまとめてみよう。
- 生物多様性の保全を目的とした生物の取扱いに関する法制度のポイントをまとめてみよう。

考えてみよう
- 里地里山のような身近な自然に生息する生物を守るにはどのような取組みが必要か、法的アプローチも含めて考えてみよう。
- 社会経済システムの中に生物多様性の保全を組み込んでいくにはどのような取組みが効果的か、企業や消費者の立場に立って考えてみよう。

〈参考文献・資料〉
①武内和彦・渡辺綱男編『日本の自然環境政策』（東京大学出版会、2014年）
　　自然環境行政に長年携わってきた研究者および現役の行政官が執筆した、自然環境政策を体系的にまとめた書籍。
②『生物多様性国家戦略2012-2020〜豊かな自然共生社会の実現に向けたロードマップ〜』（2012年閣議決定）
　　生物多様性基本法11条に基づいて策定される生物多様性の保全および持続可能な利用に関する国の基本的な計画。

密猟された動物が店頭に？

　野生生物犯罪とは、金銭目的で野生生物を違法に捕獲・売買をすることである。「自分はそんなことはしない」と思うかもしれないが、身近な犯罪であることに気づいていないだけかもしれない。

　2017年10月、日本の女子大学生がカワウソ10匹の密輸の疑いでタイ警察に連行された。カワウソはペットとして高値で売れるため、犯罪組織に「運び屋」として利用されたとみられる（NHKクローズアップ現代＋「追跡カワウソ密輸事件　黒幕は誰だ」2019年1月29日）。

　ペットカフェにいるカワウソやフクロウなど、希少な外国の野生動物の売買には、この事件のように密猟・密輸された個体が紛れ込む余地がある。なぜそうなるのか。それは国家間の法整備や法執行のギャップが野生生物犯罪の撲滅を妨げているからである。それでは日本と世界のギャップについてみてみよう。

問題認識のギャップ

　象牙や毛皮、高級木材などとして利用される、経済的に高い価値をもつ野生生物種は、乱獲により個体数が減り、絶滅危惧種として条約・法律等で保護されている。しかし経済のグローバル化により、世界のどこかで需要がある限り、野生生物は狙われ続ける。たとえばアジアの犯罪組織とアフリカの武装組織が携帯電話で取引を成立させることも可能だ。そして麻薬や武器の取引に比べ、摘発や刑罰のリスクが低いことが野生生物犯罪の増加の要因になっている。

　国際刑事警察機構（インターポール）は、世界の野生生物の違法取引の規模を年200億米ドル（約2兆円）以上と見積もる（参考文献・資料①）。野生生物犯罪は種の絶滅の原因になるだけでなく、武装組織や国際的な犯罪組織の資金源となり、人々に不幸をもたら

す。

　2011〜2012年はアフリカゾウの密猟が激化し、象牙が武装組織の資金源になっていることが国連安全保障理事会に報告された。その後、安全保障理事会は武装組織の資産凍結などの制裁を決議した（参考文献・資料②）。

　野生生物犯罪に取り組む国際機関として「野生生物犯罪と闘う国際コンソーシアム（ICCWC）」が2010年に創設された。この組織はインターポール、絶滅のおそれのある野生動植物の種の国際取引に関する条約（ワシントン条約・CITES）、国連薬物犯罪事務所、世界銀行、世界税関機構により構成されている。また2015年に国連で採択された持続可能な開発目標（SDGs）のターゲット（15.7）にも密猟や違法取引の撲滅が掲げられている。

　つまり国際社会で野生生物犯罪は、絶滅危惧種の保護だけでなく、安全保障の問題として取り組まれているのである。

法執行のギャップ

　絶滅危惧種の国際取引はワシントン条約により規制され、条約に基づく輸入許可証等がなければ、関税法違反として税関で差し止められる。これらの物品の7割（2019年）は郵便物として日本に持ち込まれる。おもな品目は漢方薬・化粧品、ワニやヘビの革を使った財布やベルト、楽器などである。たとえば海外通販サイトで買った化粧品に規制対象のアロエやサメの成分が入っていたり、楽器に高級木材のローズウッドが使われていたりと意外な商品に絶滅危惧種が使われていることがある。また、航空手荷物が差し止められる例として、海外旅行先で買ったクジャクの羽やキャビア缶が規制対象だったというケースがある。一方、意図的にペット販売用の野生動物や園芸植物を航空手荷物として持ち込むケースもある。

　残念なことに日本の税関は野生生物の密輸

図1　スローロリス属日本への輸入

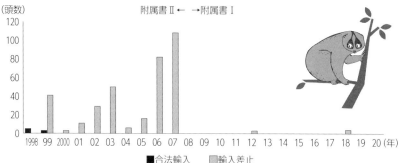

（頭数）
附属書Ⅱ← →附属書Ⅰ

■合法輸入　□輸入差止

資料：CITES Database、ワシントン条約該当物品輸入差止等実績
出典：野生生物保全論研究会調べ

の摘発が不十分という調査結果がある。アメリカ政府とフリーランド財団、国際航空運送協会、トラフィック等による報告書『In Plane Sight』（参考文献・資料③）は、空港での野生生物の密輸摘発を国際比較した。それによると日本への持ち込みに成功した件数（＝日本で摘発＋日本で見逃されその後他国で摘発）に対する「日本で摘発」した割合は23％であった。イギリス92％、アメリカ85％、マラウィー82％と比べ、日本は極端に低い。報告書は、日本の野生生物取引に関する法律がかなり緩く、既存の規制の執行が不十分で、メディアの報道が足りず、社会の関心が低い可能性があると指摘している。

さらに摘発後、起訴する件数も少ない。2019年の税関におけるワシントン条約該当物品の輸入差止等の件数351件に対し、関税法違反で通告または告発した件数は6件であった（参考文献・資料④）。

法整備のギャップ

ワシントン条約では、国際取引が減少の要因になっている動植物種を附属書と呼ばれるリストにし、絶滅のおそれの程度に応じて区分している。絶滅の危険が高い「附属書Ⅰ」の種は、国際取引が禁止され、日本国内では、絶滅のおそれのある野生動植物の種の保存に関する法律（種の保存法）により売買・譲渡が禁止されている。例外として国の登録機関が交付する登録票がある場合のみ売買・譲渡が可能である。一方、附属書Ⅱ（輸出国がこの輸出がその種の存続を脅かさない、自国の法令に違反していないとした輸出許可が必要）掲載種は種の保存法による規制がない。つまり許可証等がなくても、税関をすり抜けて国内に持ち込めば合法に取引できてしまう。

たとえば附属書Ⅱでは密輸が防げなかった例としてスローロリスが挙げられる。東南アジアに生息する霊長類、スローロリスは希少なペットとして国内で販売されているが、日本へ合法に輸入されたのは1999年が最後である。2005年以降は人獣共通感染症防止のため、ペット目的のサルの輸入は禁止されている。それにもかかわらず、2007年にスローロリス属が附属書Ⅰに掲載されるまで多くのスローロリスが密輸され、税関で差し止められた（図1）。

近年、世界的にカメやヘビなどの爬虫類ペットの人気が高まっており、日本も附属書Ⅱ掲載種の生きた爬虫類の輸入が増加している。哺乳類に比べ輸送しやすい爬虫類は、より密輸個体が紛れて売買されるおそれがある。

「密猟または違法取引に関与している合法的な国内象牙市場の閉鎖」が決議されたワシントン条約第17回締約国会議（2016年 南アフリカ、ヨハネスブルグ）。（筆者撮影）

　生息国の法律で保護されていても、日本の法律では売買が規制されていない例としてミミナシオオトカゲが挙げられる。ボルネオ島の一部にしか生息しないミミナシオオトカゲを、生息国のインドネシア、マレーシアは合法輸出をしていない。それにもかかわらず日本国内で飼育・販売されてきた。ミミナシオオトカゲは2017年から附属書Ⅱに掲載され、輸出割り当てはゼロと決まった。しかし附属書Ⅱ掲載種なので、種の保存法の対象外である。
　象牙の場合はワシントン条約により原則国際取引が禁止され、さらに2016年の決議に対応して国内取引も狭い例外を除き禁止する国が増えている。一方、日本では事業者や、象牙の全形牙や材料として切ったものの取引に対しては種の保存法による規制があるが、印鑑やアクセサリーなど象牙加工品の国内での売買に規制はない。そのため外国人旅行客が日本で象牙製品を買って持ち帰ることが問題になっている。
　このような国家間の法整備のギャップは、密猟・違法採取された絶滅危惧種が市場に紛れ込む隙を与え、野生生物犯罪撲滅の障害になっている。
　各国が法整備や法執行を強化している中で、日本は取り残されているといわざるをえない。そのため「店頭に並んでいるから合法に違いない」と思っていても、間接的に遠くの国の紛争や、犯罪に協力していることも、種の絶滅に加担してしまうこともあるのが現状である。

〈参考文献・資料〉

① UNEP-INTERPOL, *The Rise of Environmental Crime*, 2016
　　インターポールには環境犯罪専門の部署があり、野生生物の密猟・違法取引の他、違法伐採、IUU（違法・無報告・無規制）漁業、違法鉱物採掘、廃棄物の違法投棄の取り締まりに取り組んでいる。
② United Nations Security Council, *Report of the Secretary-General on the activities of the United Nations Regional Office for Central Africa and on the Lord's Resistance Army-affected areas*（S/2013/297）, 2013
　　武装組織「神の抵抗軍」への制裁決議は、S/RES/2134（2014）, S/RES/2136（2014）.
③ ROUTES Partnership and C4ADS, *In Plane Sight : Wildlife Trafficking in the Air Transport Sector*, 2018
　　アメリカ合衆国国際開発庁（USAID、海外援助を行う政府機関）が資金提供する組織が作成した報告書。
④財務省関税局『税関におけるワシントン条約該当物品の輸入差止等の件数と主な品目』（2019年）
　　税関で差し止められたワシントン条約対象種のデータは、税関のウェブサイトで公開されている。

［鈴木希理恵］

コラム③　遺伝子組換え生物のリスク管理

遺伝子組換え生物に関するリスク

　遺伝子組換え技術により作られた動植物は、遺伝子組換え生物（GMO: Genetically Modified Organism）と呼ばれる。このうち農作物については、遺伝子組換え作物やGM作物と呼ばれる。

　GMOに関するリスクの問題は、人体（人の健康）へのリスクと、環境へのリスクに大きく二分される。日本では、これら両者のリスクがないことを確認した上で、GMOの栽培・流通が認められている。2021年4月時点では、日本国内ではGM作物の商業栽培は行われておらず、加工用や飼料用としてGM作物が輸入され、流通している。人体へのリスクとしては、GM作物の食品としての安全性が問題となる。また、環境へのリスクとしては、特に生態系への悪影響が問題となる。このうち、遺伝子組換えされた植物の場合には、⒜遺伝子組換え体が繁殖性を有するために、自然界に入り込んだ場合に周辺野生生物を駆逐すること（競合における優位性）、⒝遺伝子組換え体が周辺生物の成育に影響を及ぼす物質を分泌することにより、周辺野生生物が減少すること（有害物質の産生性）、⒞近縁野生種と交雑することにより、近縁野生種のもっている特性が失われ、遺伝子組換え体のもっている特性に置き換わること（交雑性）、が懸念される。また、遺伝子組換えされた動物であれば、植物につき懸念される悪影響に加えて、⒟野生動植物等を捕食し、または野生動植物に寄生することにより野生動植物の生息または生育に支障を及ぼす性質（捕食性および寄生性）も問題となる。

　GMOにはこれらのリスクが指摘されており、それを管理するために複数の法律で規制がなされている。

人の健康へのリスクの管理に関する法律

　①　遺伝子組換え食品等

　GM作物を原料に使用した食品や食品添加物を遺伝子組換え食品等と呼ぶ。食品等としての安全性の確保には、食品安全基本法と食品衛生法とが関係する。

　食品衛生法に基づき、厚生労働大臣は、公衆衛生の見地から、食品や添加物の製造・加工・使用等の基準を定めることができ（13条1項）、この基準に合わない方法による場合には、その食品や添加物の製造・輸入・販売等は禁止される（同条2項）。この規定に基づき策定されている「食品、添加物等の規格基準」（昭和34年厚生省告示370号）の2000年改正では、遺伝子組換え食品に関する規定が追加された。また同年には「組換えDNA技術応用食品及び添加物の製造基準」（平成12年厚生省告示234号）も定められた。

　食品安全委員会は、厚生労働省から評価依頼された遺伝子組換え食品等のリスク評価として、食品健康影響評価を行う（食品安全基本法24条、11条）。これを経て、厚生労働省が上記告示に従い安全性に問題がないと判断した食品を公表する。これにより、その食品等を流通させることができることになる。

　②　遺伝子組換え飼料

　GM作物を飼料とする場合（遺伝子組換え飼料）については、家畜物からの人の健康へのリスクも含め、飼料としての安全性の確保が問題となる。これには、「飼料の安全性の確保及び品質の改善に関する法律」（飼料安全法）と食品安全基本法とが関係する。

　安全性が未確認の遺伝子組換え飼料の場合、農林水産省は、当該飼料の製造業者等からの確認申請を受けて、家畜に対する安全性について農業資材審議会の意見を聴取し（飼料安全法3条、平成14年農林水産省告示1780号）、畜産物の安全性について食品安全委員会における評価（食品安全基本法24条）を求める。これらにより、農林水産省により飼料名が公表され（同告示4条）、製造等ができるようになる。

❦❦

図1　遺伝子組換え農作物を利用した場合の義務表示

名　称	納豆
原材料名	大豆（遺伝子組換え）、○○、△△／…

図2　遺伝子組換え農作物と非遺伝子組換え農作物を分別せず使用した場合の義務表示

名　称	コーンスナック菓子
原材料名	とうもろこし（遺伝子組換え不分別）、○○、△△／…

出典：東京都福祉保健局 HP 参照

③　遺伝子組換え食品の表示

　消費者が遺伝子組換え食品とそうでない食品とを区別して購入できるように、表示に関する規制もなされている。消費者庁が所掌している。これには従来、「農林物資の規格化及び品質表示の適正化に関する法律」（JAS法）、食品衛生法、健康増進法が関係した。これら3つの法律の食品の表示に係る規定は一元化され、食品表示法が2015年に施行された。遺伝子組換え食品の食品表示基準には義務表示と任意表示があるが、任意表示については改正され、2023年に施行される（平成31年内閣府令第24号。参考文献・資料②参照）。「遺伝子組換えでない」旨を表示することのできる基準が厳格化される。

生態系への悪影響の管理に関する法律

　GMO による生態系へのさまざまな悪影響を防止し、生じた損害を回復することを目的とする規制は、「遺伝子組換え生物等の使用等の規制による生物の多様性の確保に関する法律」（カルタヘナ法）で定められている。本法の通称は、「生物の多様性に関する条約のバイオセーフティに関するカルタヘナ議定書」の国内担保法として制定されたことに関係している。また、当該議定書の下には、「バイオセーフティに関するカルタヘナ議定書の責任と救済に関する名古屋・クアラルンプール補足議定書」が2010年に採択された。この補足議定書の国内実施のために、カルタヘナ法は2017年に一部改正された。

　なお、カルタヘナ法は、その対象に、GMO だけでなく、分類学上の科を超えた細胞融合により作出した生物も含み、これらをあわせて遺伝子組換え生物等（LMO）とい

う（2条2項）。

　本法は、生物多様性の確保を図ることを目的とし、遺伝子組換え生物等の使用等をその形態に応じて規制する。ここでの「使用等」とは、食用、飼料用その他の用に供するための使用、栽培その他の育成、加工、保管、運搬及び廃棄並びにこれらに付随する行為をいう（2条3項）。また、その形態の違いによって、第1種使用等と第2種使用等とに区別される。このうち、第1種使用等とは、環境中への拡散を防止しないで行う使用等、すなわち、一般ほ場など周囲の環境と隔離されていない条件での栽培を指す（2条5項。いわゆる開放系利用）。第1種使用等をしようとする者は、生物多様性影響評価を行い、使用規程を作成した上で、主務大臣の承認を受けなければならない（4条）。一方で、第2種使用等とは、環境中への拡散防止をしつつ行う使用等、すなわち、実験室等外界から遮断された施設内での利用をいう（2条6項。いわゆる閉鎖系利用・封じ込め利用）。第2種使用等をしようとする者は、拡散防止措置をとらなければならない（12条）。

〈参考文献・資料〉
①農林水産省「生物多様性と遺伝子組換え」
　https://www.maff.go.jp/j/syouan/
　nouan/carta/seibutsu_tayousei.html
　（2021年11月16日最終閲覧）
　　GMO に関する規制がまとめられている。
②消費者庁「遺伝子組換え表示制度に関する
　情報」https://www.caa.go.jp/policies/
　policy/food_labeling/quality/genetically_
　modified/（2021年11月16日最終閲覧）

[二見絵里子]

海の生物資源の保存管理

［鶴田　順］

1　海の生物資源をめぐる問題状況

FAO 報告書
（英文）

　国連食糧農業機関（FAO）の最新の報告書「世界漁業・養殖業白書2020（The State of World Fisheries and Aquaculture 2020）」によると、2018年の世界の漁獲量は約9640万トンであり、漁獲量はほぼ横ばいである。しかし、過剰に漁獲されており、生物学的に持続可能とはいえない水準にある漁業資源は、資源評価が行われている漁業資源の34％にも達し、この割合は年々増加している。このままの状態が続くと、これまで食べることができた魚種の資源量がさらに減少し、枯渇してしまう可能性もある。

　過剰漁獲に加えて、漁業資源の減少を引き起こし、持続可能な漁業を脅かしているのが、違法・無報告・無規制漁業（IUU 漁業）である。IUU 漁業は、一言でいうと、不適正に行われている漁業である。

　過剰漁獲と IUU 漁業は「持続可能な開発目標」（SDGs）でもとりあげられている。SDGs は目標14で海の生物資源の持続可能な利用を掲げ、ターゲット14.4で「2020年までに、漁獲を効果的に規制し、過剰漁獲や IUU 漁業および破壊的な漁業慣行を終了」させるとしている。

　IUU 漁業は、その性質上、IUU 漁業に従事した漁船の旗国、トン数や隻数、操業した海域や日数、用いられた漁具、機器類や漁法、漁獲された魚種、漁獲量、漁獲高や混獲の有無など、その実態を正確に把握することは難しい。

　持続可能な漁業を実現するために、国際的な漁業資源管理を行う機関として、海域と魚種ごとに複数の地域漁業管理機関（RFMOs）が設立されている。RFMOs は、対象魚種の資源量を把握するための統計を整備し、その分析結果としての資源評価に基づいて「適正な漁獲量・漁獲枠の設定」を行う。

　しかし、IUU 漁業はそのような漁獲量・漁獲枠設定とは無関係に行われる。IUU 漁業は RFMOs による保存管理措置の有効性の低下を招いてしまう。

IUU 漁業問題を放置したままでは持続可能な漁業は実現できない。

　本章では、IUU 漁業と RFMOs について整理したうえで、日本で人気のある魚種であるマグロとウナギに焦点をあてつつ、IUU 漁業問題の改善・克服に向けた取組みについてみていく。

　2　IUU 漁業とは

　IUU 漁業は、RFMOs の 1 つである南極海洋生物資源保存委員会（CCAM-LR）がその対象水域における1996年から1999年までのマゼランアイナメ（日本での流通名は「メロ」、かつては「銀むつ」と呼ばれていた）の漁獲量が漁獲規制の 2 倍に相当する 9 万トンにのぼったことを報告して以来、FAO で広まった用語である。

　IUU 漁業については、2001 年 3 月に FAO の水産委員会（COFI）によって合意された「IUU 漁業の防止、抑止および廃絶のための国際行動計画」（IUU 国際行動計画）において、次のような定義がなされている。

IUU 国際行動
計画（英文）

　まず、IUU 漁業の「I」違法漁業（illegal fishing）とは、①ある国の管轄下の水域において、その国もしくは外国の船舶によって、その国の許可なしに、またはその国の法令に違反して行われる漁業、②関係する RFMOs の締約国の旗を掲げた船舶によって行われる漁業で、同機関が採択しかつその国に対して拘束力ある保存管理措置に違反する漁業、もしくは適用ある国際法の関係規定に違反する漁業、または、③関係する RFMOs に対する協力国によって行われるものも含め、国内法もしくは国際的義務に違反する漁業である。

　次に、IUU 漁業の 1 つ目の「U」無報告漁業（unreported fishing）とは、①国内法令に違反して、関係国内当局に報告がなされなかったか、もしくは虚偽の報告がなされた漁業、または、②関係する RFMOs の権限が及ぶ海域で行われたもので、当該 RFMOs の報告手続に違反して、報告されなかったかもしくは虚偽の報告がなされた漁業である。

　そして、IUU 漁業の 2 つ目の「U」無規制漁業（unregulated fishing）とは、①関係する RFMOs の適用海域内で、無国籍の船舶もしくは同機関の非締約国の旗を掲げる船舶、またはその他の漁業主体によって行われる漁業で、同機

関の保存管理措置に違反するかもしくは合致しない漁業、または、②適用ある保存管理措置が存在しない海域における漁業、もしくは適用ある保存管理措置の対象となっていない漁業資源に向けられた漁業であって、当該漁業活動が国際法上の海洋生物資源の保存に関する国家の責任に合致しないようなかたちで行われる漁業である。

　IUU漁業は、その性質上、実態を正確に把握することは難しいが、これまでのいくつかの調査によって量的推定が行われている。頻繁に引用されるAgnew（2009）の調査結果によると、違法操業に由来する漁獲物は、2000年から2003年の時点で、金額にすると50億から110億ドル、水揚げ高にすると500万から1200万トンに上り、これは世界全体の漁獲物の約2割を占めると推定されている（参考文献・資料①）。

3　地域的漁業管理機関（RFMOs）とは

　国際的な漁業資源管理は、海域と魚種ごとに設けられたRFMOsを中心に実施されている。RFMOsは対象魚種の資源評価に基づき適正な漁獲量・漁獲枠の設定などの保存管理措置を決定する。RFMOsの加盟国は当該保存管理措置を自国の国内法・政策で受け止めて実施する。

　たとえば、日本が大量に輸入・消費しているマグロ類を管理するRFMOsとしては、大西洋まぐろ類保存国際委員会（ICCAT）、インド洋まぐろ類委員会（IOTC）、中西部太平洋まぐろ類委員会（WCPFC）、全米熱帯まぐろ類委員会（IATTC）、みなみまぐろ保存委員会（CCSBT）の5つがある（図1参照）。日本はこれら5つのすべてに加盟している。

　RFMOsは保存管理措置を遵守しないIUU漁業を行う漁船（IUU漁船）をリストアップし、加盟国に対して、寄港国措置（5で詳述する）としてIUU漁船リスト（ネガティブ・リスト）に掲載された船舶の入港拒否やIUU漁業による漁獲物（IUU漁獲物）の陸揚げ拒否などの措置を義務づけている。

4　IUU漁業問題への国際的な取組み

IUU漁業の防止・抑止・廃絶のためには、「包括的で統合的なアプローチ」

図1　日本が加盟している地域漁業管理機関（RFMOs）

凡例

通称
正式名称
発効年（我が国が加盟した年）
事務局所在地
主な保存管理対象魚種

まぐろ類
その他魚類

国連公海漁業協定（UNFSA）　第63・64条、第87条、第116条等

国連公海漁業協定（UNFSA）　第8〜10条等

地域漁業管理機関（RFMO）

CCBSP
中央ベーリング海すけとうだら保存条約
1995年発効（同年加盟）
事務局なし
スケトウダラ

NPAFC
北太平洋溯河性魚類委員会
1993年発効（同年加盟）
バンクーバー（カナダ）
サケ、マス

NAFO
北西大西洋漁業機関
1979年発効（1980年加盟）
ダートマス（カナダ）
カラスガレイ、アカウオ

NPFC
北太平洋漁業委員会
2015年発効（2013年加盟）
東京
サンマ、イカ、サバ、キンメダイ

ICCAT
大西洋まぐろ類保存国際委員会
1969年発効（同年加盟）
マドリード（スペイン）
クロマグロ、メバチ

SEAFO
南東大西洋漁業機関
2003年発効（2010年加盟）
スワコップムント（ナミビア）
メロ、マルズワイガニ

IOTC
インド洋まぐろ類委員会
1996年発効（同年加盟）
ビクトリア（セーシェル）
メバチ、キハダ

WCPFC
中西部太平洋まぐろ類委員会
2004年発効（2005年加盟）
ポンペイ（ミクロネシア）
クロマグロ、メバチ

IATTC
全米熱帯まぐろ類委員会
1950年発効（1970年加盟）
ラホヤ（米国）
メバチ、キハダ

CCSBT
みなみまぐろ保存委員会
1994年発効（同年加盟）
キャンベラ（豪州）
ミナミマグロ

SIOFA
南インド洋漁業協定
2012年発効（2014年加盟）
レユニオン（仏領）
キンメダイ、メロ

CCAMLR
南極の海洋生物資源の保存に関する委員会
1982年発効（同年加盟）
ホバート（豪州）
メロ、オキアミ

出典：外務省ホームページ上の情報「経済上の国益の確保・増進　漁業」より

（IUU 国際行動計画）が必要である。IUU 漁業の防止・抑止・廃絶のためには、IUU 漁船の旗国による取り締まりだけでなく、領海や EEZ の沿岸国による漁業取り締まり、さらに、IUU 漁船が寄港し、IUU 漁獲物が陸揚げされ、国内で IUU 漁獲物が流通している国による措置（寄港国措置や市場国措置）が重要である。とりわけ、漁獲物を大量に輸入し消費している日本にとっては寄港国措置や市場国措置は重要である。なぜなら、便宜置籍船による IUU 漁業が深刻な問題状況にあることをふまえると、IUU 漁業に従事する船舶に船籍を付与している旗国（便宜置籍国）による取り締まりを通じた問題状況の改善・克服に多くを期待することはできないからである。

　便宜置籍船とは、外航海運企業が船舶所有者等に関する税金、船舶の登録費や定期検査費、船員の賃金等のコストを削減するために、これらのコストを低く抑えることのできる国を登録国（旗国）としている船舶である。

5　IUU 漁業問題対策としての寄港国措置

　寄港国措置とは、洋上で採捕した漁獲物を積載した外国船舶が寄港しようと
する国あるいは寄港した国によって講じられる措置である。寄港国は、洋上で
採捕した漁獲物を積載した外国船舶に対して入港前の段階で漁獲物に関する情
報の提供を求め、その情報をもとに船舶の寄港の可否、さらに漁獲物の陸揚げ
の可否を判断する。各国がそのような措置を国際的に協力して講じることによ
り、各国の水産市場への IUU 漁獲物の流入を防ぎ、その販路を絶ち、IUU 漁
業に従事・関与する経済的インセンティブを低下させる。寄港国措置は、とり
わけ日本のような大量の水産物の輸入国・消費国にとっては重要な IUU 漁業
対策である。

　しかし、少数の国のみが寄港国措置を講じた場合、IUU 漁船が寄港国措置
を講じられることのない国の港で漁獲物の陸揚げや転載を行うという問題が発
生する可能性がある。そのため、寄港国措置が IUU 漁業対策のための実効性
のある措置となるためには国際的な協調行動が必要である。

PSMA 条文
（英文）

　そのような国際協調の基礎となる国際条約として、2009年11月
に FAO で「IUU 漁業の防止、抑止および廃絶のための寄港国措
置協定」（PSMA）が採択された。PSMA は2016年 6 月に発効し
た。2021年 4 月末現在、締約国は68カ国と EU である。日本は
2017年 6 月18日に締約国となった。日本は PSMA への加入に先
立ち、2016年に、PSMA や RFMOs に基づく寄港国措置を国内で実施するた
めに、「外国人漁業の規制に関する法律」の改正等を行った（参考文献・資料②）。

　RFMOs と PSMA は、それぞれが設定した寄港国措置の実施において相互
に補完しあう関係にある。たとえば、日本が PSMA に基づく寄港国措置を講
じるにあたっては、RFMOs によって作成された IUU 漁船リスト（ネガティ
ブ・リスト）がそのまま入港拒否の対象船舶として指定されている。

6　IUU 漁業を行っている国からのマグロ類の輸入制限

　世界最大のマグロ輸入国・市場国・消費国である日本は、IUU 漁業を行っ

ている国からのマグロ類の輸入制限の実施を１つの目的として、1996年に「ま
ぐろ資源の保存及び管理の強化に関する特別措置法」(まぐろ法)を制定した。

　たとえば、マグロ類に関するRFMOsの１つである大西洋まぐろ類保存国
際委員会(ICCAT)は、1994年にICCATによる保存管理措置の勧告の実効性
を減ずる方法で操業する漁船の旗国からの大西洋クロマグロの輸入を制限する
ように締約国に勧告する決議を採択し、同決議に基づき、1996年にベリーズ、
ホンジュラスとパナマを保存管理措置の実効性を損なう活動を行っている船舶
の旗国であると認定し、締約国に対してこれらの３カ国からのクロマグロの輸
入禁止措置を勧告した。ICCATの勧告を受けて、日本は、まぐろ法６条に基
づき、1997年９月からベリーズとホンジュラスからのクロマグロ類の輸入制限
措置を講じ、また1998年１月からはパナマからのクロマグロ類の輸入制限措置
を講じた(その後、輸入制限措置は解除された)。

　現在、すべてのマグロ類を扱うRFMOsおよび南極海洋生物資源保存委員
会(CCAMLR)、北西大西洋漁業機関(NAFO)、北東大西洋漁業委員会
(NEAFC)、南東大西洋漁業機関(SEAFO)、南太平洋地域漁業管理機関(SPRF-
MO)で、IUU漁船リスト(ネガティブ・リスト)が作成されている。IUU漁船
リスト掲載船舶にはRFMOsの非加盟国の船舶も含まれている。

　また、RFMOsのうち、ICCAT、IOTC、IATTC、CCSBT、WCPFCでは、
加盟国の正規に許可を受けた漁船をリストアップし、これらの正規許可船の漁
獲物についてのみ国際取引を認める正規許可船リスト(ポジティブ・リスト)対
策が決議されている。

　日本では、冷凍されたマグロ類の輸入は、RFMOsの「正規許可船リスト対
策」または「正規蓄養場リスト対策」に反しないものに限定されている。冷凍
されたマグロ類を輸入しようとする場合は、税関での「関税法」に基づく輸入
通関手続きに先立ち、水産庁で当該貨物がRFMOsの正規許可船リスト対策
または正規蓄養場リスト対策に反しない貨物であることの確認を受けて「確認
書」の発行を受ける必要がある。さらに、水産庁の確認書の発行手続きにおい
ては、「船籍国籍証書の写し」と「前船籍国籍証書の写し」の提出、冷凍され
たクロマグロとミナミマグロについては「漁獲証明書」の提出が必要とされて
いる。漁獲証明書は、漁獲時から陸揚げ時までの漁獲物の追跡可能性(トレー
サビリティ)を担保する手段である。

7　ニホンウナギをめぐる問題状況

　ニホンウナギは、乱獲、海洋構造の変化（北赤道海流や黒潮の変化）、生息地の環境改変（河口堰、水門、ダム建設の影響）などで資源量が減少し、絶滅のおそれが指摘されている。近年は不適正な採捕や取引といった問題も指摘されている。問題のフィールドは日本国内にとどまらず国際的な広がりを有する。

　日本のウナギ市場の供給量は1990年代に中国や台湾で養殖されたウナギが低価格で輸入・販売されるようになり急増したが、2000年以降は、外国産を国産と偽る生産地・加工地偽装の発覚、外国で養殖されたウナギからの抗生物質の検出、価格の高騰などで減少傾向にある。しかし、今日でも日本は世界的に主要なウナギの輸入・消費国である（図2参照）。日本の対応が国際的に問われている。

　ニホンウナギの稚魚（シラスウナギ、長さ約6cm・重さ約0.2g）は日本から約2000km離れた太平洋のマリアナ諸島西方海域で生まれ、北赤道海流、黒潮に乗って北上し、その多くが例年11月ごろに黒潮の上流に位置する台湾東方の海域で採捕され、台湾から香港を経由して日本に輸出され、日本各地の池で半年ほど養殖されて「国産うなぎ」として出荷される。とりわけ毎年7月下旬の土用の丑の日に大量に消費される。

図2　日本のウナギ市場の供給量

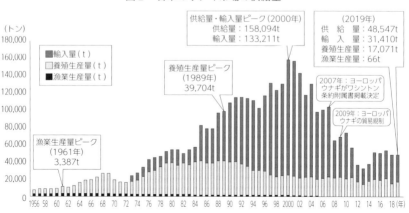

出典：水産庁「ウナギをめぐる状況と対策について」（2021年4月）5頁

台湾は2007年10月からシラスウナギの輸出を規制している。それ以降、日本に輸入されたシラスウナギのほとんどは、黒潮に面しておらず、シラスウナギが遡上する川も存在せず、それゆえシラスウナギ漁が存在しない香港から輸入されたものである。台湾東方海域で採捕されたシラスウナギが香港経由で日本に輸出されている。財務省貿易統計によると、2020年の「うなぎ（養魚用の稚魚）」の輸入量は5.87トンで、そのうち香港からの輸入が4.38トンで全輸入量の74.6％であった。

　かつて中国で養殖されるウナギの大半を占めていたヨーロッパウナギは、2008年に国際自然保護連合（IUCN）のレッドリスト絶滅危惧IA類（ごく近い将来における絶滅の危険性が極めて高い種）に選定され、2009年3月からは「絶滅のおそれのある野生動植物の種の国際取引に関する条約」（ワシントン条約）によって国際取引が規制されている。ワシントン条約は、野生動植物が国際取引によって過度に利用されることがないよう、特定の野生動植物（その生死や全体・部分にかかわりなく、また加工品も含む）の国際取引を規制することで、野生動植物の種を保護するための条約である。国際取引には、輸出、再輸出、輸入、さらに海からの持ち込みも含まれ、対象種の水揚げも規制されている。

　ワシントン条約の締約国会議ではニホンウナギの規制も検討されている。ニホンウナギは資源量の減少を受けて、2013年に環境省レッドリスト絶滅危惧IB類（近い将来における絶滅の危険性が高い種）に選定され、2014年にはIUCNレッドリストでも絶滅危惧IB類に選定されている。

　2018年5月にワシントン条約事務局が公表した報告書「Status of non-CITES listed anguillid eels」では、ニホンウナギの資源
量の減少に加えて、その不適正な採捕（密漁）や取引（密輸や密売）などの不透明な流通が指摘された。

CITES報告書
（英文）

　水産庁が発表した2020年漁期（2019年11月から2020年4月末日まで）の統計では、日本国内のシラスウナギの採捕報告量10.8トン、輸入量は3.0トンで、合計13.8トンであったのに対して、養殖業者のシラスウナギの池入れ報告量は合計20.1トンであった。出所不明の池入れ量が全池入れ量の約3割の6.3トンもある。出所不明のシラスウナギも、適正に採捕・輸入されたシラスウナギと区別なく養殖され、出荷され、流通し、消費されてしまっている。

　このような問題状況の改善・克服に向けた動きもみられる。

大手スーパーで、シラスウナギの採捕まで完全にたどることができる、追跡可能性（トレーサビリティ）が担保されたニホンウナギのみを販売することを目指しているスーパーもある。

　2018年に「漁業法」が70年ぶりに改正された。水産資源の保存管理に重きを置いた改正である。改正漁業法では特定水産動植物の採捕禁止違反の罪が新設され、特定水産動植物にシラスウナギが指定された（他にアワビとナマコも指定された）。また、2020年には「特定水産動植物等の国内流通の適正化等に関する法律」（水産流通適正化法）が成立した。今後、シラスウナギが同法の規制対象に指定されることで、日本国内で違法に採捕されたシラスウナギは流通しにくくはなる。ただし、同法の対象には外国から輸入されるシラスウナギは含まれない。適正に採捕されたシラスウナギとその他のシラスウナギが区別されることなく養殖されてしまう可能性はある。

まとめてみよう
・持続可能な漁業を実現するために国際的にどのような取り組みがなされているか、まとめてみよう。

考えてみよう
・IUU漁獲物を消費しないために日々の暮らしで何ができるか、考えてみよう。

〈参考文献・資料〉

① Agnew, D. J., Pearce, J., Pramod, G., Peatman, T., Watson, R., Beddington, J. R., et al., 2009, "Estimating the worldwide extent of illegal fishing," *PLoS ONE*, Vol 4, Issue 2, pp. 1–8.
　IUU漁業の量的推計として頻繁に引用されている文献である。IUU漁業の実態を正確に把握することは難しく、だいぶ幅のある推計値にならざるをえないが、IUU漁業対策を進めていく上で量的推計が存在することは重要である。

②児矢野マリ編『漁業資源管理の法と政策』（信山社、2019年）
　漁業資源管理の関する国際規範の展開をふまえて、日本の漁業関係法の現状と今後の課題を多角的に検討した論文集である。日本におけるPSMAの実施に関する拙稿を収録している。

③牧野光琢『日本の海洋保全政策』（東京大学出版会、2020年）
　日本の海の利用と保全に関する多様な法と政策の全体像をつかむことができる。

〓-

コラム④　MSC「海のエコラベル」について

世界で広く認知される水産エコラベル

　スーパーやコンビニなどで、水産物や水産加工品に付いている青い魚のラベルを見たことはあるだろうか。この MSC「海のエコラベル」は世界で広く認知されている水産エコラベルで、環境や水産資源に配慮した漁業で獲られた天然の水産物に付けられる「サステナブル・シーフード」の証である。現在、MSC「海のエコラベル」が付いた水産品は世界約100カ国で4万8000品目以上、日本では約900品目が承認・登録されている。国内ではイオングループ、生協・コープ、セブン＆アイグループ、西友、ライフ、マクドナルドなどで購入することができる。普段の生活で無理なくできる環境問題への取組みとして、また、SDGs の目標14「海の豊かさを守ろう」の達成につながる方法として、MSC「海のエコラベル」を選択することの意義について紹介したい。

MSC「海のエコラベル」

フィレオフィッシュ

（提供：日本マクドナルド株式会社）

　持続可能な漁業の認証制度の運営および MSC「海のエコラベル」の管理を行う MSC（Marine Stewardship Council：海洋管理協議会）は、1997年に本部をロンドンとして設立された国際的な非営利団体だ。MSC 認証制度が生まれることになったきっかけは、1992年、過剰漁獲によりカナダ、グランドバンクスのタラ漁業が崩壊し、3万5000人もの漁業者と工場労働者が失業した一件である。過剰漁獲は、水産資源はもちろんのこと、人々の生活や水産物の供給に大きな影響を与えることが明らかになった。このまま世界で過剰漁獲の比率が高まり続ければ水産資源が枯渇してしまうという危機感から、持続可能な漁業を普及し、将来にわたって海の恵みを享受していくために、MSC 認証という国際的な制度が策定されたのである。

　本来、魚は卵を産んで増えていく再生可能な資源であるから、適切な量の漁獲であれば水産資源を維持していくことができる。しかし、過剰漁獲などが要因で水産資源は減少傾向にあり、FAO（国連食糧農業機関）の「世界漁業・養殖業白書 2020年」によると、世界の水産資源は34％が獲りすぎの状態で、余裕がある資源はわずか6％しかない。この数字は年々悪化しており、このままでいくと、今まで食べていた身近な魚が食べられなくなったり、水産物を主要なタンパク源とする地域の人々にとって、重大な食糧危機をもたらす可能性がある。持続可能な漁業の普及は急務である。

MSC 認証制度とは

　持続可能で適切に管理された漁業の証明である MSC 漁業認証を漁業が取得するためには、「資源の持続可能性」「漁業が生態系に与える影響」「漁業の管理システム」に関する3つの原則を満たす必要がある。審査で用いられる28の業績評価指標において世界水準の

最優良事例とされる80点に満たないものについては、漁業は80点レベルに改善するための行動計画を策定し、認証有効期間中にそれを実施しなければならない。よって、MSC漁業認証取得後も、さらに改善が進む漁業もある。

2021年3月末時点で、世界のMSC認証取得漁業は446件にのぼる。日本でも北海道のホタテガイ漁業、宮城県、静岡県、高知県、宮崎県のカツオ・ビンナガマグロ一本釣り漁業、岡山県の垂下式カキ漁業、宮城県のタイセイヨウクロマグロ漁業、三重県のビンナガマグロ・キハダマグロ・メバチマグロはえ縄漁業がMSC漁業認証を取得している。認証を取得する漁業は増加の一途をたどり、天然魚の世界の総漁獲量のうち、MSCプログラム参加漁業（認証取得、認証一時停止中、審査中の漁業）による漁獲は19％を占めるまでになった。

MSC認証制度には、2つの認証がある。先に述べたMSC漁業認証と、認証された漁業で獲られた水産物が流通過程で非認証の水産物と混ざらないようにすることを目的とし、最終加工時までに認証水産物の所有権をもつすべての事業者を対象とするMSC CoC（Chain of Custody）認証である。この2つの認証は最良のものであり続けるよう、定期的に見直しが行われる。

MSC漁業認証は2022年の改定に向けては、ETP種（絶滅危惧種・保護種）の保護やゴーストギアの問題などがトピックに含まれている。ゴーストギアとは、海中に廃棄、流出した漁具のことで、ウミガメや魚などを捕らえて死に至らしめる場合がある。漁具は主に化学繊維でできているので海洋プラスチック汚染の原因でもある。2019年に改定されたMSC CoC認証規格では、認証保有者は、事業所を置く国が違法労働が行われるリスクが低いと判断された場合を除き、労働に関する監査が必要となった。

MSC漁業認証、MSC CoC認証の取得はすべて任意であり、申請は漁業者や水産物販売者の意思に基づくものだ。日本でも認証取得を目指す動きが高まってきている。特にMSC CoC認証取得事業者の数は急増し、2021年3月末時点で300社となり、世界第5位である。その背景には水産資源への危機意識の高まりはもちろんのこと、SDGsへの取組みの広がりや、環境や社会問題などに配慮した企業を重視するESG（Environmental, Social, Governance）投資への注目も考えられる。

マーケットからの需要も欠かせない。消費者がMSC「海のエコラベル」が付いた水産物を積極的に購入すれば、需要が増えMSCラベル付き製品の市場が広がる。その結果、より多くの漁業がMSC認証の取得を目指し、持続可能な漁業が増えていく。ぜひ、皆さんも普段の買い物を通じて水産資源を守る活動に加わってほしい。

〈参考文献・資料〉
① 国連食糧農業機関（FAO）「世界漁業・養殖業白書 2020年」
　　2年に1度、世界の魚介類総生産量や水産資源の状態などを報告している。全文は英語だが、日本語の要約版をFAO駐日事務所のウェブサイトで見ることができる。
② 海洋管理協議会（MSC）「年次報告書2020年度」https://www.msc.org/jp/about-the-MSC/annual-report
　　世界のMSC認証漁業の動向や、主要魚種におけるMSCプログラム参加漁業による漁獲量などがまとまっている。

[鈴木夕子]

環境条約による問題解決

［清家　裕］

 ## 1　パリ協定は世界を変えるだろうか

　2015年12月、第21回国連気候変動枠組条約締約国会議（COP21）においてパリ協定が採択された。厳しい国際交渉を経てようやく合意に至ったこの協定は、世界の平均気温の上昇を産業革命前に比べて2℃より低く抑えること、および1.5℃以内に抑える努力を継続することを目的とする、すべての国が参加する新しい国際枠組みである。2017年に就任したアメリカのトランプ大統領（当時）がこの協定からの脱退を表明したことから「すべての国の参加」が崩れかけた時期もあったが、2021年に就任したバイデン大統領が協定への復帰を宣言してアメリカが表舞台に戻り、またこうした流れの中で日本、アメリカ、EU をはじめとする多くの国が「カーボンニュートラル（脱炭素社会）」を長期的な目標として宣言し、今や世界は脱炭素の大競争時代に入ったといわれる。

　気候変動問題はまだ解決に向けた道筋が描けておらず、その意味においてパリ協定が世界を変えるかどうかは人類の今後の行動にかかっているが、少なくともこの協定が国際社会に多大な影響を与えていることは論をまたない。そして、パリ協定に代表される環境条約はこれまでも国際社会において重要な役割を担い、また日本の環境政策の発展にも寄与してきた。この章では、こうした環境条約の歩みを振り返りつつ、その意義について考えたい。

 ## 2　環境条約の歩み

　「条約」とは、「国の間において文書の形式により締結され、国際法によって規律される国際的な合意」をいう（条約法に関するウィーン条約2条1(a)）。名称のいかんを問わないので、条約だけでなく協定、議定書などさまざまな名称が用いられる。

　条約のうち、環境の保全を目的とするものおよび環境の保全に係る規定を含

むものをここでは「環境条約」と呼ぶ。環境条約は、たとえば商業的価値のある生物の過剰捕獲防止を目的としたものなど古いものは20世紀前半から存在していたが、とりわけ1970年代から80年代以降、地球環境問題の深刻化に伴って大きく発展してきた（国際法や国際環境法を学ぶ基本書として参考文献・資料①、②、環境条約の国内実施に焦点を当てたものとして参考文献・資料③、④などがある）。

(1) 1972年の人間環境宣言（ストックホルム会議）

　1972年、世界114カ国が参加する国連主催の初めての環境会議がスウェーデンのストックホルムで開催された（ストックホルム会議）。環境破壊や貧困が国際的な問題となり、地球を１つの宇宙船と見立てる宇宙船地球号（Spaceship Earth）の考え方が国際的に広がったことにも後押しされ、ストックホルム会議では「かけがえのない地球（Only One Earth）」をキャッチフレーズとして人間環境宣言と行動計画が採択された。この中でその後の国際環境法の発展につながる理念や取り組むべき課題が示され、またその実施機関として国連環境計画（UNEP）が創設された。

(2) 1992年のリオ宣言（地球サミット）

　オゾン層破壊や気候変動などの地球環境問題への危機感の高まりを受けて、1992年にブラジルのリオデジャネイロにおいて国連環境開発会議（地球サミット）が開催された。この会議では地球環境を健全に維持するための国家と個人の行動原則を定めるリオ宣言と行動計画が採択され、環境政策と開発戦略を統合する「Sustainable Development（持続可能な開発〔持続可能な発展とも訳される〕）」という概念が国連の公式文書に初めて登場した。将来世代のニーズを満たす能力を損なわない形で現在世代のニーズに応える開発を行っていくべきとするこの考え方は現在でも人類の重要な道標となっており、2015年には17のゴールと169のターゲットで構成される持続可能な開発目標（SDGs: Sustainable Development Goals）が採択された。近年、SDGs を表す17色のアイコンは街中や新聞・雑誌の紙面など至る所でみられるようになった。

(3) 環境条約の発展

　人間環境宣言やリオ宣言自体は国際法上の権利義務を設定するものではない

ため条約には当たらないが、これらの採択が契機となって多くの環境条約が発展し、それは国内環境法の発展にもつながった。

たとえば、オゾン層破壊については1985年に「オゾン層の保護のためのウィーン条約」（オゾン層保護条約）が、また1987年にそれを具体化する「オゾン層を破壊する物質に関するモントリオール議定書」（モントリオール議定書）が採択された。これによって締約国には冷媒などとして使われてきたフロン類の生産と使用を段階的にやめることが義務づけられ、日本でも「フロン類の使用の合理化及び管理の適正化に関する法律」（フロン排出抑制法）などによって規制が導入されている（⇒Part1 の3）。

また、有害廃棄物の越境移動については1989年に「有害廃棄物の国境を越える移動及びその処分の規制に関するバーゼル条約」（バーゼル条約）が採択され、輸出入などについてルールが設けられた。日本でも「特定有害廃棄物等の輸出入等の規制に関する法律」や「廃棄物の処理及び清掃に関する法律」によってこのルールが国内実施されている。

さらに、遺伝子組換え生物による生物多様性への影響については2000年に「生物の多様性に関する条約のバイオセーフティに関するカルタヘナ議定書」（カルタヘナ議定書）が採択された。日本でも「遺伝子組換え生物等の使用等の規制による生物の多様性の確保に関する法律」（カルタヘナ法）が制定され、遺伝子組換え生物等を使用する場合の承認・確認手続が導入された（⇒コラム③）。

ここですべての環境条約を紹介することはできないが、主な環境条約とその主な国内担保法令を表1に整理しておく。それぞれの詳細については本書の他のパートや参考文献・資料②、④などを参照いただきたい。

▶ 3 環境条約の特徴

地球環境に関する科学的知見は日々進展しており、また関連する技術や社会状況の変化のスピードも速い。環境条約はこうした変化に応じて柔軟に進化させていく必要がある。また、地球環境問題は限られた国の取組みだけでは解決につながらない。たとえば、日本の温室効果ガス排出量は世界の3％強であり、仮に日本の排出量がゼロになったとしても他国が排出を続ければ気候変動問題は解決しない。したがって環境条約にはできる限り多くの国の参加を得る

表1　主な環境条約

	環境条約 [　]：採択年または署名年	主な国内担保法令 （一部は略称）
生物多様性保全・自然環境保全	・特に水鳥の生息地として国際的に重要な湿地に関する条約（ラムサール条約）[1971年]	・鳥獣保護管理法、自然公園法など
	・絶滅のおそれのある野生動植物の種の国際取引に関する条約（ワシントン条約）[1973年]	・種の保存法、外為法など
	・環境保護に関する南極条約議定書 [1991年]	・南極環境保護法
	・生物の多様性に関する条約（生物多様性条約）[1992年]	・自然環境保全法、自然公園法、種の保存法など
	・生物の多様性に関する条約のバイオセーフティに関するカルタヘナ議定書 [2000年] ・バイオセーフティに関するカルタヘナ議定書の責任及び救済に関する名古屋・クアラルンプール補足議定書 [2010年]	・カルタヘナ法
	・生物の多様性に関する条約の遺伝資源の取得の機会及びその利用から生ずる利益の公正かつ衡平な配分に関する名古屋議定書 [2010年]	・ABS 指針
海洋汚染防止	・1973年の船舶による汚染の防止のための国際条約に関する1978年の議定書（マルポール条約）[1978年] ・1972年の廃棄物その他の物の投棄による海洋汚染の防止に関する条約の1996年の議定書（ロンドン議定書）[1996年] ・2004年の船舶のバラスト水及び沈殿物の規制及び管理のための国際条約（バラスト水条約）[2004年]	・海洋汚染防止法、廃棄物処理法
オゾン層保護	・オゾン層の保護のためのウィーン条約（オゾン層保護条約）[1985年] ・オゾン層を破壊する物質に関するモントリオール議定書 [1987年]	・オゾン層保護法、フロン排出抑制法、外為法
有害廃棄物の越境移動	・有害廃棄物の国境を越える移動及びその処分の規制に関するバーゼル条約（バーゼル条約）[1989年]	・バーゼル法、廃棄物処理法、外為法
気候変動	・気候変動に関する国際連合枠組条約（気候変動枠組条約）[1992年] ・気候変動に関する国際連合枠組条約の京都議定書 [1997年] ・パリ協定 [2015年]	・地球温暖化対策推進法
有害化学物質	・国際貿易の対象となる特定の有害な化学物質及び駆除剤についての事前のかつ情報に基づく同意の手続に関するロッテルダム条約 [1998年]	・輸出貿易管理令
	・残留性有機汚染物質に関するストックホルム条約（POPs条約）[2001年]	・化学物質審査法、農薬取締法など
	・水銀に関する水俣条約 [2013年]	・水銀汚染防止法など
その他	・世界の文化遺産及び自然遺産の保護に関する条約（世界遺産条約）[1972年]	・自然環境保全法、自然公園法
	・深刻な干ばつ又は砂漠化に直面する国（特にアフリカの国）において砂漠化に対処するための国際連合条約（砂漠化対処条約）[1994年]	・なし

ことが重要である。こうした地球環境問題の性質から、環境条約にはいくつか
の特徴をみて取ることができる。

(1) 枠組条約方式

　多数の環境条約が「枠組条約方式」を採用している。この方式は、まず枠組
条約で目的や基本原則、取組みの方向性など大枠を定め、その後、この枠組条
約を基礎としつつ具体的な義務やルールなどを議定書や締約国会議の決定など
で定める。「枠組条約＋議定書等」という構造を採用することにより、国家間
で一気に最終的な合意にまで至ることが困難な問題について、まず目的を共有
して大枠に合意した上で時間をかけて具体的な義務やルールなどを議論するこ
とが可能となる。また、ルールをある程度柔軟に変えることも可能となる。こ
れは多くの国の参加を確保し、また状況の変化に柔軟に対応できるようにする
ための工夫といえる。オゾン層保護条約や気候変動枠組条約、生物多様性条約
などが枠組条約の例として挙げられる。

(2) 報告制度

　条約の定める具体的な義務やルールの内容はさまざまであるが、大雑把に分
けると、締約国が従うべき義務やルールを詳細に規定してそのまま国内実施す
ることを求めるものと、目標や計画の提出などを義務づけつつ取り組む内容や
国内実施の方法は締約国の判断に委ねるものとがある。フロン類の生産・使用
を規制するモントリオール議定書は前者、各国に温室効果ガス削減目標などの
提出を求めるパリ協定は後者といえる。

　そして、義務やルールの内容がどのような形であれ、多くの環境条約は締約
国に対して国内実施の状況やデータなどを締約国会議や専門家機関に定期的に
報告することを求める。たとえば、気候変動枠組条約は締約国に対して温室効
果ガス排出量などの報告を義務づけており（12条）、報告された内容は締約国
会議や専門家機関などで評価・検証される（7条、10条）。オゾン層保護条約も
締約国に条約の実施のためにとった措置に関する情報の提出を義務づけている
（5条）。こうした「報告＋評価・検証」のプロセスは、変化していく実態の的
確な把握や科学的知見の充実に寄与することはもちろん、締約国に義務の履行
を促す機能もあり、また条約のさらなる進化への足がかりにもなる。

(3) 支援制度

　発展途上国等の義務の履行を確保するため、こうした国に対する資金面や技術面の支援に関する規定を置く環境条約も多くみられる。資金面の支援については条約の下に基金などが設けられる例もあり、国際交渉の場でも資金の取り扱いは常に重要なテーマとなる。

(4) 遵守手続

　不遵守、すなわち締約国が条約上の義務を履行しない場合には、締約国に対して一定の措置を講じる環境条約が多い。その際にも多くの国の参加を確保するための配慮が必要であり、たとえば不遵守への対応としてその締約国を条約から外すことは基本的に問題解決につながらない（この点で貿易関係の条約などとは性質が異なる）。また、過度に厳しいルールは条約への不参加を誘発する可能性があるため、環境条約の遵守手続は懲罰的・敵対的なものよりも締約国に遵守を促すような仕組みが多い。モントリオール議定書の下では、不遵守の場合に締約国会議がとりうる措置として、①適当な援助（データの収集・報告のための援助、財政・技術的援助）、②警告の発布、③議定書に基づく権利・特権の停止が定められているが、ここでも実態としては義務履行を促進する援助が選択される場合が多い。

▶ 4　環境条約の国内実施

　環境条約が日本で国内実施される流れについても簡単に紹介しておきたい。

(1) 条約交渉

　複数国の関係する環境問題がある場合に、条約策定に向けた国際交渉が行われる。条約交渉に臨む際に日本政府は対処方針を作成する。ポイントになるのは交渉における獲得目標と譲れない一線（いわゆる Red Line）、そしてそれらを実現するための戦略である。交渉の現場では対処方針をよりどころにしつつ現場での判断も交えながら交渉を進めることとなる。条約の内容が次第に明らかになっていく交渉過程では、それが国内担保できるかどうか検討しながら対応する。

条約が採択される段階では参加国間の意思決定ルールが重要になる。ルールは交渉ごとに異なるが、たとえば気候変動枠組条約の下での交渉では全会一致が必要となるため（コンセンサスルール）、交渉はいつも難航する。

　条約が無事採択されると、その条約の趣旨と内容に基本的に賛同することの表明として各国による署名が行われることが多い。

(2)　条約の国内担保

　国は条約の採択に賛成し署名したとしても、そのことをもって自動的に条約に拘束されるわけではなく、改めて条約を受け入れる旨の同意を表明してはじめて条約の締結は完了する。この同意の表明は批准、受諾、承認、加入などの手続で行われる。逆にいえば、条約を国内担保するにあたっては「なぜ日本が当該条約を締結するのか」という動機づけを改めて整理することが求められる。

　締結の動機が認められる条約については国内担保の方法を検討する。日本の場合には、条約の締結段階で当該条約を国内で実施するために必要な法律（担保法）が完全に整備されることを求める「完全担保主義」をとっていることから、内閣法制局と関係省庁の間で①まず既存の法令で担保できるか検討し、②それが難しければ既存法令の改正で担保する方法を検討し、③それも難しければ新規立法で対応する。こうして環境条約は国内法体系の中に組み込まれる。

　手続としては、条約の締結について国会の承認（憲法73条3号）を経た上で国際的に締結の意思表明が行われ、担保法の制定・改正が必要な場合には国会でその手続もあわせて行われる。

(3)　国内実施状況の評価・検証

　条約締結後は行政機関が担保法を執行し、また法的紛争が生じれば司法が担保法を適用して紛争解決を図る。条約の国内における実施状況については、3(2)で紹介した報告制度などのルールに基づいて国際的な評価・検証が行われる。

 ## 5　環境条約の果たす役割は今後も拡大していく

　近年、南極のオゾンホール（オゾン層が薄くなって穴のように観測される場所）

の拡大傾向はみられなくなっており、オゾン層保護に関する国際的枠組みは「世界で最も成功している環境条約」ともいわれる。このように問題解決への道筋がつきつつある環境条約がある一方で、気候変動のように環境条約の下でさらなる努力が求められている問題も数多くある。また、プラスチックによる海洋汚染など環境条約が存在していない地球環境問題もある。

　社会のグローバル化に伴って環境問題の解決に向けた国際的な連携・協力の重要性が高まっており、環境条約の果たす役割は今後もますます大きくなっていく。

まとめてみよう
・地球環境問題の性質との関係で環境条約にはどのような特徴がみられるかまとめてみよう。
・条約はどのようなプロセスで国内実施されるかまとめてみよう。

考えてみよう
・興味のある環境条約を選び、その策定経緯、内容、課題を整理してみよう。
・今後新たに環境条約を策定して対処すべき環境問題にはどのようなものがあるか、想定される条約の内容も合めて考えてみよう。

〈参考文献・資料〉

①杉原高嶺ほか『現代国際法講義〔第5版〕』（有斐閣、2012年）
　　国際法の基本書。国際法にはよく使われる基本書がいくつもあるので読み比べて自分に合うものをみつけてほしい。
②西井正弘・鶴田順編『国際環境法講義』（有信堂、2020年）
　　国際環境法の全体像を把握することを目的として読みやすくまとめられた教科書。学習を深められるよう問いや参考文献が工夫されている。
③環境法政策学会編『日本における環境条約の国内実施（環境法政策学会誌23号）』（商事法務、2020年）
　　環境法政策学会の学会誌。2020年発行の23号で「日本における環境条約の国内実施」がテーマとして取り上げられた。
④『論究ジュリスト2013年秋号（7号）』（有斐閣、2013年）
　　幅広い法分野・法事象を対象に理論的考察を行う法律学究誌（季刊）。2013年秋号で「環境条約の国内実施—国際法と国内法の関係」がテーマとして取り上げられた。

コラム⑤　環境基本法

環境法とは何だろう

　日本には環境法という名称の法律はない。環境に関連する法律や政省令、条例などを総称して、環境法と呼ぶ。

　公害・環境問題は、いくつかの視点からの分類が可能である。たとえば、工場公害か、不特定多数の汚染源から生じる都市型・生活型公害かといったものがある。大気汚染のようなフローの汚染か、土壌汚染のようなストックの汚染かといった分類もある。問題が生じる地理的範囲も、一国内のうちの一部の地域や一国全体、地球の一部の地域や地球全体といったように、さまざまである。時間の視点からみれば、現代世代にとっての問題か、それだけでなく将来世代にとっても問題となるか、といった分け方もできる。

　このような公害・環境問題の性質や範囲に応じて、それぞれを規制することを目的として、日本国内では数多くの法律が制定され、また国際レベルでも数多くの条約が制定されている。そして、日本国内で環境に関するすべての法律の中心に位置するのが、1993年に制定された環境基本法である。

　環境基本法は、環境の保全に向けて、基本理念を明らかにし、施策の基本となる事項を定めることで、現在の国民だけでなく、将来の国民の生活の確保にも寄与し、さらには人類の福祉に貢献することを目的としている（1条）。

環境法の基本原則と環境基本法における基本理念

　それぞれの法分野には、そこに含まれる法の目指す方向性を示し、法の解釈や運用に用いられる基本原則（原理）が存在する。たとえば、民法であれば私的自治の原則等、刑法であれば罪刑法定主義等が挙げられる。

　環境基本法には、このような意味での基本原則は明記されていない。そこに規定されているのは、環境の恵沢の享受と継承等（3

条）、環境への負荷の少ない持続的発展が可能な社会の構築等（4条）、国際的協調による地球環境保全の積極的推進（5条）という「基本理念」である。これらは、社会の構成員それぞれ（国、地方公共団体、事業者、国民）が講ずべき「環境保全の施策」の基本理念であり、環境法の「基本原則」というわけではない。

　では、環境法には基本原則がないのだろうか。環境法学においては、次のような基本原則が（その環境基本法への位置づけとともに）議論されている。

　① 持続可能な発展

　持続可能な発展とは、環境と発展に関する世界委員会による報告書『我ら共通の未来』（1987年）によれば、「将来世代が自らの必要を満たす能力を損なうことなく、現在の世代の必要を満たすような発展」をいう。これ以前にも持続可能な発展の概念は存在していたが、この報告書を契機として広まった。

　環境基本法においては、3条と4条が持続可能な発展の考え方を採用している。3条は、人類の存続には、生態系の均衡の上に成り立つ限りある環境の維持が必要であることを確認した上で、4条で、「健全で恵み豊かな環境を維持しつつ、環境への負荷の少ない健全な経済の発展を図りながら持続的に発展することができる社会が構築される」よう、環境の保全が行われなければならないと定めている。環境か経済かの二者択一ではなく、経済発展の不可欠の前提として環境があるとして、両者を統合して捉えているのである。

　② 未然防止原則・予防原則

　人の健康や環境に対する損害を引き起こす原因と損害発生との因果関係が、科学的・合理的に証明されているときには、事前に損害の発生を回避・低減する対策をとるべきであるとする原則が、未然防止原則である。環境基本法4条は、「科学的知見の充実の下に環境の保全上の支障が未然に防がれる」よう環

境の保全を行わなければならないと定め、21
条は、そのために規制が講じられるべきこと
を定めている。日本では、未然防止原則は定
着しているといえる。たとえば公害の防止の
場合、国は公害を防止する規制の措置を講じ
（21条1号）、事業者はその排出の基準を遵守
し、ばい煙や汚水の処理等、公害を防止する
ために必要な措置を講ずることが求められる
（8条1項）。自然環境の保全の場合、国は、
工作物の新設や木竹の伐採等、自然環境の適
正な保全に支障を及ぼすおそれがある行為に
関して必要な規制の措置を講じ（21条3号）、
事業者は必要な措置を講ずる責務を有する
（8条1項）。

　その一方で、原因と損害発生との間の因果
関係に科学的不確実性があったとしても、環
境の悪化を防ぐための措置をとることを拒否
すべきではない／措置がとられるべきである
とする原則が、予防原則である（詳細は
Part3の13を参照）。環境基本法は予防原則
を明示してはいないが、4条の上記の表現は
予防原則を否定しているわけでもない。

　　③　汚染者負担原則
　受容可能な状態に環境を保持するための汚
染防止費用は汚染者が負うべきであるとする
汚染者負担原則は、OECDにより1972年に
提示された。これに対し日本では、公害対策
の経験を踏まえて1976年に独自の汚染者負担
原則が示された。これは正義と公平の実現を
重視し、汚染防止費用だけでなく、環境復元
費用、被害救済費用にも適用されるものと説
明されている。

　環境基本法は、37条において、行政が公害
の防止や自然環境の保全のために必要な措置
を行った場合、その措置を必要とさせた者
（原因者）に費用を負担させることを定めて
いる（原因者負担）。また、上記の事業者の
責務（8条1項）や環境の保全上の支障を防
止するための規制（21条）では、個別法に基
づく規制を遵守する費用は原因者が負担する
ことが前提とされている。これらは汚染者負
担原則を採用するものといえる。

環境基本計画

　環境基本法の下では、具体的な政策の方向
性を示すものとして策定される、環境基本計
画（15条）が重要な意味をもつ。

　環境基本計画は1994年に初めて策定された
後、おおよそ6年おきに見直されている。最
も新しい第5次環境基本計画（2018年4月策
定）は、持続可能な開発目標（SDGs）の考
えを活用した。ここでは環境と周辺の課題と
の連関が注目され、環境保全に関する課題
（温室効果ガスの排出削減、生物多様性の保
全等）だけでなく、それらと経済・社会的課
題との同時解決によって、環境・経済・社会
の統合的向上をすることが求められている。
また、地域循環共生圏の創造によって、都市
や農村漁村のような各地域がそれぞれの特性
を活かした強みを発揮しながら、互いの特性
に応じて補完し合うことが目指されている。

地球環境保全等

　環境基本法の制定以前には、各種公害問題
を規制する個別法に加えて、それらを統括す
る公害対策基本法が制定されていた（1967年
制定・1970年改正）。しかし、地球温暖化や
オゾン層破壊等の地球環境問題が発生してき
たことを理由の1つとして、公害対策基本法
に代わって、環境基本法が制定された。そこ
で、基本理念の1つとして、先にみた5条が
規定され、さらに国には、地球環境保全およ
び開発途上地域の環境の保全等に努めること
が求められている（32条〜35条）。

〈参考文献・資料〉
①大塚直『環境法BASIC〔第3版〕』（有斐
　閣、2021年）
　　環境法の機能と各法の詳細を学ぶ専門
　書。
②畠山武道『考えながら学ぶ環境法』（三省
　堂、2013年）
　　身近な環境問題から環境法に触れ、その
　意義を考える入門書。

［二見絵里子］

Part2

環境問題への対応(1)

▶環境汚染の防止・解決

　日本では、戦後の高度経済成長期に、特に深刻な産業公害を経験した。イタイイタイ病、熊本と新潟における水俣病、四日市ぜんそくは、四大公害と呼ばれたが、これらに限らず、全国各地の工業地帯で、大気汚染、水質汚濁、土壌汚染、騒音、振動、悪臭、地盤沈下（これらを「典型7公害」という）といった公害が発生した。当時は、公害を防止するための実効的な規制がなく、企業の公害防止設備も極めて不十分であった。四大公害の被害者らは、公害発生源の企業を相手に損害賠償請求訴訟を提起した。それらの裁判においては、企業の不法行為責任が認められたが、ようやく、その頃（1970年頃）から、公害規制のための本格的な法整備が始まった。8から10では、大気汚染、土壌汚染、水質汚濁（海洋汚染）の問題を取り上げ、公害問題を生じさせないようにするために、どのような法制度が整備されているかを概説する。

　戦後の高度経済成長期には、工場などの事業活動に伴って排出される産業廃棄物や、家庭などから排出される一般廃棄物の量が増加した。11では、廃棄物を公衆衛生上支障のないように処理するとともに、リサイクルなどを進めて最終的に埋め立てられる廃棄物を極力少なくし、資源の有効利用を促進することにより、循環型社会を構築していくための法制度について説明する。

　12では、公害被害者などが損害の賠償や汚染行為の差止めを求めようとするときに、どのような法的手段があるか解説する。訴訟だけでなく、行政機関を通じた紛争解決の手続なども設けられている。

［島村　健］

Part2

8 大気汚染

[清水晶紀]

1　日本の空は本当にきれいになったのか

　「日本の空は格段にきれいになった」とは、日本の公害対策が進んだことを指して度々用いられるフレーズである。では、日本の空は、現在、本当に安心できる状況になっているのだろうか。

　この点、最近になってもたびたびニュースに取り上げられている大気汚染物質が、PM2.5と光化学オキシダントである。前者は、2.5マイクロメートル以下の微小な粒子状物質（PM: particulate matter）であり、工場等や自動車由来のいおう酸化物・窒素酸化物、身の回りにあふれている揮発性有機化合物（VOC: volatile organic compound）がその主な発生原因となっている。肺の奥まで入り込み、呼吸器系疾患や循環器系疾患、肺がんを引き起こすといわれている。これに対し、後者は、光化学スモッグを引き起こす原因物質であり、VOCがその主な発生原因となっている。こちらについては、目や喉への刺激、頭痛、呼吸器への悪影響などがあるとされている。

　これらの物質については、最近でも、不要不急の外出自粛等を内容とするPM2.5注意喚起や光化学オキシダント注意報が発令されており、また、過去には、九州北部を中心とした小学校の運動会が中止に追い込まれるなど、健康被害のみならず、生活環境被害の原因にもなってきた。これに対しては、後述の通り、大気汚染防止法が、発生原因たるいおう酸化物、窒素酸化物、VOCについて一定の汚染防止対策を講じており、着実に効果を上げつつある（PM2.5については、2013年度には16％だった環境基準達成率が2019年度には98％となった）。他方で、近時では、中国などからの越境大気汚染が被害をもたらす主要因になっており、国内対策を強化するだけでは汚染防止対策として不十分になってきている。実際に、九州北部や中国地方では、中国沿岸由来の大気汚染物質が春から初夏にかけてピークに達する結果、光化学オキシダント注意報が発令されて屋外活動が制限されるという状況が、現在でも続いている。

その意味では、国内における大気汚染防止対策が不十分だった50年前と比べて、「日本の空は格段にきれいになった」ということはできても、いまだに、「日本の空は本当に安心できる」というにはほど遠い状況にある。「本当の空」を取り戻すためには、国内における大気汚染防止対策の着実な実施に加え、国際的な越境大気汚染対策の実現が必要不可欠であろう。

2 大気汚染防止対策の歴史

さて、本章では、日本の大気汚染防止対策の歴史を概観した上で、現行法制度に基づく大気汚染防止対策を整理していく。今後の大気汚染防止対策にとって国際協力の視点が重要であることはすでに述べたが、そのあり方を検討する上でも、国内対策の歴史と現状を理解しておくことは必要不可欠である。まずは、日本の大気汚染防止対策の歴史を簡単にまとめていこう。

ご承知の読者も多いとは思うが、大気汚染は、明治時代から代表的な公害の1つとされてきた。戦前期に社会問題となった有名な事件だけでも、足尾銅山鉱毒事件、別子銅山煙害事件、大阪アルカリ事件など、枚挙にいとまがない。しかし、この時代の大気汚染は極めて局地的であり、大気汚染防止対策の法制度についても、大阪府ばい煙防止規則（1932年）などの例はあるものの、国レベルの本格的な法制度は皆無であった。

もちろん、大気汚染の被害者が、民事訴訟を通じて加害者に損害賠償や操業差止めを求めることは、戦前期においても可能であり、実際に裁判に持ち込まれる事件も散見された。しかしながら、裁判所が勝訴要件の認定に慎重であったため、被害者は泣き寝入りせざるをえないことも多かった。こうした状況は、戦後、勝訴要件の認定を容易にする先駆的な法理論が登場するまで続くこととなる（コラム⑥参照）。

その後、戦後復興期、高度経済成長期になると、日本各地に立地する工場等が、より広範囲に深刻な大気汚染とそれに伴う健康被害を引き起こすようになり、地方自治体レベルでは、大気汚染防止対策の条例が全国各地で整備されていった。しかしながら、工場等に対して厳しい規制をかけることは経済成長の鈍化につながるとして、国レベルの大気汚染防止対策の法制度については、依然として整備が著しく遅れてしまっていた。

結局、国レベルでは、1962年に成立した「ばい煙の排出の規制等に関する法律」（ばい煙規制法）が、初の大気汚染防止対策立法となった。同法は、日本各地の大気汚染の深刻化に対応するべく、大気汚染地域を指定し、地域内のばい煙発生施設に排出基準遵守を義務づけるという仕組みを整備している。とはいえ、当初の法制度は、経済発展と環境保全の両立を目指すという調和条項を擁していた他、指定地域制、遵守容易な排出基準、少ない規制対象施設など、大気汚染防止対策としては非常に緩やかな規制を採用していた。

それ以降の国レベルの法整備を整理すると、まず、1967年の公害対策基本法制定に合わせ、ばい煙規制法に代えて大気汚染防止法が制定された。続いて、1970年の公害国会における大気汚染防止法の改正により、調和条項の削除、指定地域制の廃止、排出基準違反に対する直罰制の採用など、固定排出源からの大気汚染防止対策について規制が強化され、現行法制度の基礎が形成されるに至った。さらには、1970年代以降、自動車排出ガス由来の窒素酸化物が大気汚染の主役になり、1973年からは、移動排出源である自動車排出ガスについても、大気汚染防止法で規制対象とすることとなった。現在では、固定排出源についても、移動排出源についても、さらなる規制強化が進んでおり、国内対策の法制度は一通り整備されていると評価できよう。

 3　大気汚染防止法の仕組み

そこで、ここからは、日本の大気汚染防止対策について、現行法制度の仕組みを整理していくことにしたい。現行法制度の中心となる大気汚染防止法は、規制対象物質を、(1)ばい煙、(2)揮発性有機化合物、(3)粉じん、(4)水銀、(5)有害大気汚染物質、(6)自動車排出ガスの6つに分類し、それぞれの特徴に応じた規制の仕組みを整備している。以下では、各規制のポイントを簡潔に紹介しよう。

(1)　ば　い　煙

ばい煙とは、燃料などの燃焼過程において発生する、いおう酸化物、ばいじん、カドミウム、塩素、フッ化水素、鉛、窒素酸化物のことをいう。大気汚染防止法施行令は、これらの物質を排出する施設をカテゴリー別に分類し、そのうち一定規模以上のものをばい煙発生施設と呼んで規制対象としている（一定

規模未満のものは規制対象にならない〔いわゆる「スソ切り」〕)。

　ばい煙発生施設については、施設の排出口におけるばい煙濃度に関する排出基準が設定されており、ばい煙規制の特徴は、排出基準の遵守義務づけによって規制を実施していることにある。排出基準には３種類あり、原則としては「一般排出基準」が適用される。これは、ばい煙の種類ごとに環境省令が設定する許容濃度の基準であり、いおう酸化物については地域特性に配慮しながら、その他の物質については全国一律で、数値を設定している。これに対し、例外としては、環境省令に基づく「特別排出基準」が適用される場合と、地方自治体の条例に基づく「上乗せ排出基準」が適用される場合がある。前者は、大気汚染が深刻な地域に新増設される施設に適用され、後者は、地方自治体が独自に条例を制定した場合に適用されるが、いずれについても、一般排出基準よりも濃度数値が厳しく設定されている。

　ただし、上記の排出基準はいずれも濃度基準であり、地域におけるばい煙の排出総量をコントロールできるものではない。工場等の密集地域では、大気汚染防止対策としての効果は、限定的にならざるを得ないわけである。そこで、大気汚染防止法は、甚大な健康被害を引き起こしたいおう酸化物や窒素酸化物に焦点を当て、1974年にいおう酸化物について、1981年に窒素酸化物について、総量規制制度を導入した。総量規制制度は、大気汚染防止法施行令が指定する地域について、地域内の汚染物質排出総量の８割をカバーするよう、一定規模以上の工場等を特定工場等として規制対象とするものである。具体的には、都道府県知事が、総量削減計画を策定した上で、特定工場等に設置されるばい煙発生施設の総量規制基準を設定し、基準遵守を義務づけることで、汚染物質の排出総量抑制を実現している。

(2)　揮発性有機化合物

　揮発性有機化合物（VOC）とは、揮発性があり、大気中でガス状となる有機化合物のことを指し、具体的には、トルエン、キシレン、酸化エチルなど、約200種類が存在する。大気中で反応して浮遊粒子状物質（PM2.5を含む10マイクロメートル以下の微粒子、SPM: suspended particulate matter）や光化学オキシダントを生成するため、規制の必要性が高い一方で、種類も多く発生源も多様であることから、捕捉の困難性がある。そのため、大気汚染防止法は、VOC排

出量が特に多い6種類の施設のうち一定規模以上のものを同法施行令において規制対象とする一方で、それ以外の対策については事業者の自主的取組みに期待するという、ベストミックス方式を採用している。

　具体的には、前者については、大気汚染防止法の下で、環境省令が、排出口から排出されるVOC濃度に関する排出基準を設定している。基本的にはばい煙規制と同様の仕組みであるが、基準設定に際して「利用可能な最善の技術」（BAT: Best Available Technology）を勘案している点が特徴的である。これに対し、後者については、排出抑制措置を講ずる事業者の責務を大気汚染防止法が規定しているにとどまり、事業者が創意工夫を凝らしてできることから取り組むことになる。VOCの総排出量は、2019年度時点で2010年度比55％減となっており、ベストミックス方式にそれなりの効果があることは、実証されているといってよかろう。

　(3)　粉じん

　粉じんとは、物の破砕などから発生し、飛散する物質のことをいう。大気汚染防止法は、人の健康に被害を生ずるおそれのある「特定粉じん」と、それ以外の「一般粉じん」に分類しており、現在、特定粉じんについては、同法施行令が石綿のみを指定している。

　一般粉じんについては、大気汚染防止法施行令が、これを排出する施設をカテゴリー別に分類し、そのうち一定規模以上のものを一般粉じん発生施設と呼んで規制対象としている。一般粉じん規制は、この点ではばい煙規制と同様の発想に立っているが、施設の排出口における汚染物質の量や濃度を規制するばい煙規制とは異なり、汚染物質の排出や飛散を防止するための施設の構造や使用・管理方法を規制するという手法を採用している。というのも、一般粉じんは、特定の排出口から排出されるとは限らないからである。その結果、具体的には、環境省令が施設基準を設定しており、大気汚染防止法は、その遵守義務づけによって規制を実施している。

　これに対し、特定粉じんについては、大気汚染防止法施行令が、これを排出する施設をカテゴリー別に分類し、そのうち一定規模以上のものを特定粉じん発生施設と呼んで規制対象とした上で、環境省令が、ばい煙規制と同様に濃度規制に基づく排出基準（敷地境界基準）を設定している。また、特定粉じんを

使用している建築物の解体・改造工事についても、大気汚染防止法施行令がこれを特定粉じん排出等作業と呼んで規制対象とした上で、環境省令が同じく濃度規制に基づく排出基準（作業基準）を設定している。いずれについても、排出基準の遵守義務づけにより規制を実施する仕組みであるが、特定粉じん発生施設は2007年度末までにすべて廃止されているため、現在では、特定粉じん排出等作業の規制のみが実施されている。

⑷　水　　　銀

　大気汚染防止法は、ながらく水銀を規制対象物質としてこなかったが、「水銀に関する水俣条約」が2013年に採択されたことに伴い、同条約実施のための国内法対応の一環として、2015年に水銀の大気排出対策の規定を整備した。

　大気汚染防止法施行令は、条約記載の施設のうち一定規模以上のものを水銀排出施設と呼んで規制対象としている。その上で、VOC 規制と同様に BAT を勘案し、排出口から排出される水銀濃度に関する排出基準を環境省令が設定している。VOC 規制と異なる水銀規制の特徴は、条約の要請を踏まえ、基準設定にかかわる BAT 考慮を大気汚染防止法の明文が法定している点にある。

　加えて、大気汚染防止法は、条約未記載の施設のうち、一部を同法施行令において要排出抑制施設として指定し、事業者に自主的遵守基準の作成、排出抑制措置の実施、実施状況の公表を求めるとともに、その他についても、排出抑制措置を講ずる事業者の責務を規定している。その意味では、水銀規制も、VOC 規制と同様、ベストミックス方式を採用しているといえよう。

⑸　有害大気汚染物質

　有害大気汚染物質とは、人の健康に直ちに影響を与えることはないが、「継続的に摂取される場合には人の健康を損なうおそれがある物質」のことをいう。大気汚染防止法の本文は、排出抑制措置を講ずる事業者の責務を規定しているにとどまるが、附則は、より具体的な対策を規定している。

　すなわち、同法附則は、「人の健康に係る被害を防止するためその排出又は飛散を早急に抑制しなければならないもの」を指定物質と呼んで規制対象物質としている。具体的には、同法施行令が、テトラクロロエチレン、トリクロロエチレン、ベンゼンの3物質を指定し、これら物質を排出する施設のうち一定

規模以上のものを指定物質排出施設と呼んで規制対象としている。

　ここまでは、基本的にばい煙規制と同様の仕組みであるが、有害大気汚染物質規制の特徴は、指定物質排出施設から排出される指定物質の濃度について、非拘束的な排出抑制基準（指定物質抑制基準）を環境大臣が設定するという手法を採用している点にある。事業者の任意の協力に期待するアプローチを採用した背景には、健康被害に関する科学的知見の不確実性があると解されている。

(6) 自動車排出ガス

　自動車排出ガスとは、自動車由来の一酸化炭素、炭化水素、鉛、窒素酸化物、粒子状物質のことをいう。大気汚染防止法は、自動車排出ガスが大気汚染の主要原因の１つであることから、固定排出源である工場等のみならず、移動排出源である自動車についても規制対象としているわけである。自動車排出ガス規制の最大の特徴は、汚染物質排出者であるドライバーではなく、自動車製造者である自動車メーカーを規制対象としていることにある。

　具体的には、環境大臣が、大気汚染防止法に基づき自動車排出ガスの量の許容限度を定め、それに合わせて、国土交通大臣が、道路運送車両法に基づき車両構造の保安基準を設定し、自動車メーカーを指導する。最終的には、保安基準に適合しない自動車は新車登録ができないため、自動車排出ガスの量の許容限度は、道路運送車両法を通じて担保されることになる。このように、大気汚染防止法とは本来的に目的の異なる道路運送車両法の権限を利用し、規制の実効性を担保しようとしている点も、自動車排出ガス規制の大きな特徴といえよう。なお、自動車排出ガスについては、車両構造規制のみならず、燃料品質規制も重要であり、自動車燃料に含まれる鉛、いおう、ベンゼンなどの物質を対象に、車両構造規制と類似の手順で規制が実施されている（環境大臣が定める許容限度に合わせ、「揮発油等の品質の確保に関する法律」に基づき経済産業大臣が品質規格を設定し、燃料販売業者を規制している）。

　ただし、以上の規制のみでは、新車１台あたりの自動車排出ガスを抑制することはできるものの、自動車交通量の多い地域の汚染状況は必ずしも改善されない。そこで、2001年に制定された自動車NOx・PM法が、とりわけ汚染が深刻とされる窒素酸化物と粒子状物質の排出総量を削減するべく、より厳しい規制を実施している。具体的な規制内容は、上記の車両構造規制に類似してい

るが、①環境大臣が、汚染の深刻な地域を指定し、当該地域内における各物質の排出基準を定める点、②排出基準を反映した道路運送車両法上の保安基準に適合しない自動車は、新車登録ができないのみならず、車検を通らなくなる点で異なる。その結果、対策地域内に使用の本拠を有する自動車は、新車であれ、中古車であれ、排出基準適合車になるというわけである。この仕組みの導入により、自動車由来の窒素酸化物および粒子状物質については、汚染状況が劇的に改善したと評価されている。

まとめてみよう
・現在の大気汚染防止法に至るまでの、大気汚染への法制度的対応の歴史をまとめ、規制の進展とその特徴を整理してみよう。
・現在の大気汚染防止法は、ばい煙、揮発性有機化合物、粉じん、水銀、有害大気汚染物質、自動車排出ガスの6物質を、各々違った方法で規制している。それぞれの規制方法の特徴をまとめ、比較してみよう。

考えてみよう
・自動車排出ガス規制について、個々のドライバーではなく自動車メーカーを規制する仕組みを導入した理由を検討した上で、その法的正当化根拠を考えてみよう。
・現在の大気汚染防止法にはどのような課題が潜んでいるのかを整理し、今後の法政策を提言する上で最も重要なポイントを考えてみよう。

〈参考文献・資料〉
①大塚直『環境法〔第4版〕』（有斐閣、2020年）8章
②北村喜宣『環境法〔第5版〕』（弘文堂、2020年）10章
　　①②のいずれも、現在の環境法学の到達点を示す定評ある概説書。最新の法制度や最先端の議論までをカヴァーしており、他の追随を許さない。大気汚染についても、法制度の歴史的展開を踏まえ、現行法制度の全体像とその課題を丁寧に描き出している。
③環境省『令和3年版環境白書』（2021年）4章7節
　　環境問題の現状把握に必読の文献。毎年発行され、環境省のホームページで公表される。大気汚染についても、日本の最新の対策を概観することができる。

コラム⑥ 四日市ぜんそく

四日市ぜんそくの発生と裁判に至る経緯

　四日市ぜんそくとは、1950〜60年代にかけて、三重県四日市市において発生した、いわゆる四大公害病の1つである。1959年に本格操業が開始された日本初の大規模石油化学コンビナートから、当初は、排水の影響による異臭魚の発生がクローズアップされ、その後、水質汚濁、騒音、悪臭、大気汚染が相次いで本格化した。とりわけ、亜硫酸ガス（二酸化いおう）による大気汚染は多くの地域住民のぜんそく症状を引き起こし、これが後に「四日市ぜんそく」と総称されることになった。

　四日市ぜんそくへの対策としては、三重県と四日市市が、1960年ごろから本格的に大気汚染の状況調査や被害の疫学調査を実施しており、国も、1962年に、日本初の大気汚染規制立法である「ばい煙の排出の規制等に関する法律」を成立させた。ところが、同法は、大気汚染地域を指定し、地域内のばい煙発生施設に排出基準遵守を義務づけるという仕組みを整備していたものの、四日市ぜんそくに対する効果的な規制とはならなかった。というのも、四日市ぜんそくについては、「実態調査のデータが不十分である」という理由で地域指定に4年もかかってしまったからである。加えて、工場等の密集するコンビナートに対しては濃度規制の効果が限定的だったこと、高煙突化による亜硫酸ガスの拡散希釈という施策が汚染地域の拡大をもたらしてしまったことが、汚染をより深刻化させてしまった。

　そのような中で、四日市市は、1965年に独自の公害病認定制度（医療費公的負担制度）を整備し、ぜんそく患者の救済に乗り出した。しかしながら、これは、生活保障についての措置を講じるものではなく、その後、現実に患者が増え続ける中で、1966年には、ついにぜんそくと生活苦のために自殺を図る公害病認定患者が出てしまった。こうして、地域住民の間に加害者責任を追及する機運が高まり、1967年には、公害病認定患者9名が、コンビナートを構成する6社を被告として、民法719条（共同不法行為）に基づく損害賠償請求訴訟を提起するに至っている。以下では、裁判の特徴・争点・判決を概観し、裁判がその後の環境法制に与えた影響を確認していこう。

裁判の特徴

　裁判の最大の特徴は、加害企業に対する損害賠償に請求内容を限定していることである。公害裁判においては、加害企業のみならず、当該企業の監督を怠った国や地方自治体を被告とする場合も多く（水俣病訴訟など）、かつ、損害賠償のみならず、操業差止めを求める場合も多い（西淀川大気汚染訴訟など）。しかし、国や地方自治体は直接の加害者ではなく、操業差止めは企業活動の制限を伴う。そこで、原告側は、少しでも勝訴可能性を高めるべく請求内容を限定した上で、行政対応の落ち度や加害企業の汚染防止措置の問題点を裁判過程における主張に実質的に取り込むことで、行政機関や加害企業の施策や行動に影響を与えるという戦略を採用したわけである。

裁判における争点

　実際の裁判においては、①被告企業の過失の有無、②亜硫酸ガスとぜんそくの因果関係の有無、③共同不法行為の成立の存否が主要な争点となった。というのも、いずれについても、当時の裁判実務の下では、原告側にとって容易にクリアすることが困難な障壁が存在していたからである。すなわち、①については、被告企業は規制法令を遵守し、一定の汚染防止措置を講じて操業していたし、②については、ぜんそくが特異性疾患ではないこともあり、被告企業から排出される亜硫酸ガスと原告のぜんそくの因果関係を断定する

ことが困難であった。さらに、③について
は、各被告企業の不法行為を独立して認定し
た上で、被告企業間の関連共同性を認定する
必要があると考えられていた。

判決の概要

　1972年7月24日、津地方裁判所四日市支部
は、上記争点のすべてについて、当時として
は非常に先駆的な判断を展開し、被告企業6
社に計8800万円の支払いを命じる原告全面勝
訴の判決を言い渡した。

　まず、争点①については、汚染により周辺
住民の生命・健康に危害を及ぼすことがない
ように工場等を立地・操業すべき注意義務が
あるとして、漫然と立地・操業した被告企業
の過失を認めた。その際には、「企業は経済
性を度外視して、世界最高の技術、知識を導
入して防止措置を講ずるべきであり、そのよ
うな措置を怠れば過失は免れない」と指摘す
るとともに、「当時の国や地方公共団体の経
済優先の考え方から、工場等による公害問題
の惹起などについて事前の慎重な調査検討を
経ないまま、……条例で誘致するなどの落ち
度があった」と、間接的には行政対応の問題
点をも強調している。

　次に、争点②については、被告企業の排出
する亜硫酸ガスと四日市地域のぜんそく発
症・増悪との集団的因果関係を、疫学調査の
結果から認定し（疫学的因果関係論）、この
ことから、特段の事情がない限り原告のぜん
そくとの個別的因果関係をも認定できると整
理した。その上で、特段の事情の有無につい
ては、原告の個別事情を詳細に検討してこれ
を否定している。

　最後に、争点③については、被告企業間の
関連共同性が弱くても、結果発生に対し社会
通念上1個の行為と認められる程度の一体性
が認められれば、原則として共同不法行為が
成立するとしている。具体的には、共同行為
と損害との因果関係が立証されれば、各企業
の個別行為と損害との因果関係の存在も推定
されると整理し、最終的には、各企業が自ら

の行為と損害との因果関係の不存在を立証で
きていないと認定した。

その後の環境法制への影響

　この判決は、その後の公害裁判の動向に大
きな影響を与えたといわれているが、その後
の環境法制にも、2つの点で大きな影響を与
えている。1つは、総量規制制度の整備であ
る。四日市地域では、1971年の改正三重県公
害防止条例においてすでに総量規制が導入さ
れていたが、判決が契機となって、大気汚染
防止法においても、1974年に総量規制が導入
されるに至った。いま1つは、加害企業の負
担の下で公害被害者の生活保障措置を講じる
制度の整備である。四日市市独自の公害病認
定制度や、それを引き継ぐ形で1970年に制定
された「公害に係る健康被害の救済に関する
特別措置法」は、生活保障措置を講じるもの
ではなかったために、判決を契機に、1973年
に公害健康被害補償法が制定され、公害被害
者に対する包括的な補償給付措置が講じられ
た。同法は、給付財源を加害企業から徴収す
る仕組みを採用しており、公害被害の救済費
用をも汚染者が負担すべきという、日本独自
の汚染者負担原則を提示したものと評価され
ている。

〈参考文献・資料〉

① 公益財団法人国際環境技術移転センター編
　『四日市公害・環境改善の歩み』（公益財団
　法人国際環境技術移転センター、1992年）
　　四日市公害の歴史的経緯とその課題をコ
　ンパクトにまとめた書籍。四日市公害の全
　体像と行政・企業・住民の対応を整理し、
　その教訓を導出する。

　　　　　　　　　　　　　　　［清水晶紀］

土壌汚染

［石巻実穂］

 1　土壌汚染

⑴　土壌汚染の特色と問題

　土壌は、土壌中の微生物の作用と相まって、落ち葉や動物の排泄物等を分解して栄養を蓄え、雨水を吸収・浄化し、地下を通じて雨水を河川や海まで届けている。土壌のもつこうした物質循環、保水、浄化等の機能は、地球上のすべての生物にとっての生存の基盤である。私たち人類が生きるために必要な水や食料も、土壌により育まれている。

　では、土壌が汚染されるとはどういうことか。有害物質により土壌が汚染されると、土壌のもつ機能が低下したり、土壌周辺の環境に汚染が広がったり、さらには人の生命・健康に影響が及んだりする。有害物質が土壌中に含まれると、⑴有害物質は半永久的に土壌中に留まり、⑵さらに有害物質が土壌の深部に浸透して地下水にまで達すれば、⑶最終的には河川などに流れ込むことになる。そうすると、⑴の段階では土壌に直接触れる人々が、⑵の段階では地下水を飲用する人々が、そして⑶の段階では河川の魚や流域で育った植物を食す人々が、それぞれ有害物質を摂取することになる。すなわち、土壌汚染による健康被害は、有害物質を直接摂取（吸引や経皮吸収等）する直接経路と、地下水等を通じて摂取する間接経路の2つのルートにより生じうる。

　土壌汚染の最大の特色は、大気汚染や水質汚濁とは異なり、人為的に除去しない限り半永久的に汚染が地中に留まり続けるという点（これをストック汚染という）にある。またそれゆえに、土壌汚染ははるか昔の出来事に由来する場合があるため、原因者がもはや特定できなかったり、特定できたとしてもすでに倒産・死亡していたりすることがある。

⑵　農用地と市街地

　土壌汚染には、「農用地」で生じるものと「市街地」で生じるものがある。

① 農用地の土壌汚染の未然防止および除去

　農用地の土壌汚染は古くからみられ、その歴史は1890年代に発生した足尾銅山鉱毒事件に遡る。これは、足尾銅山から発生する銅（鉱毒）が渡良瀬川（わたらせがわ）に流れ込み、栃木県と群馬県にまたがる流域の農地において農作物の育成に甚大な被害が及んだものである。さらに、人の生命・健康にまで深刻な被害をもたらした最初の事例としては、1950年代に発生したイタイイタイ病が挙げられる。これは、鉱山からの廃水に含まれるカドミウムが富山県の神通川を通じて地下水および流域の農地を汚染し、農作物を摂食した住民がカドミウム中毒を発症したものである。このように、河川や地下水を通じて運ばれた有害物質によって汚染された土壌で育つ農作物への影響、およびそれを摂取した人の生命・健康への影響が問題となるのが農用地の土壌汚染である。

　農用地の土壌汚染に対する国民の不安が増大したこと等を受けて、1970年に開かれた公害国会において法整備がなされた。すなわち、「公害」の定義に土壌汚染が加わるとともに（公害対策基本法2条1項）、「農用地の土壌の汚染防止等に関する法律」が新たに制定された。同法は、人の健康のみならず生活環境をも保護の対象とし、農用地の土壌汚染を防止・除去するために公共事業を実施する旨を定めた。

② 市街地の土壌汚染の未然防止

　市街地の土壌汚染は、1973年の六価クロム事件が契機となり注目されるようになる。これは、東京都が買収した工場跡地の土壌中に大量のクロム鉱さいが埋め立てられていたことが判明した事例である。最近では、築地市場の移転先である豊洲市場に土壌・地下水汚染が存在したことが大きな社会問題となった。豊洲市場も工場跡地を東京都が購入したもので、売買契約前に売主である企業が土壌汚染調査および対策を実施し、都の買収後にも追加的な対策が講じられたにもかかわらず、市場移転の直前になって土壌汚染対策の不備やベンゼン等による地下水汚染が新たに発覚し、さらなる追加工事が必要となった。

　市街地の土壌汚染は、主に工場の敷地（私有地）における有害物質の埋立てや地下浸透が原因となって生じるものであり、こうした行為を禁止することが土壌汚染の未然防止のためには不可欠であった。このうち埋立行為に関しては、1970年に「廃棄物の処理及び清掃に関する法律」が制定され、廃棄物の不法投棄を禁止する規定（16条）が置かれた。浸透行為に関しては、1989年およ

び1996年の「水質汚濁防止法」改正により、有害物質の地下浸透が禁止され、地下水汚染が生じた場合の浄化命令に関する規定が置かれるに至った（12条の3、14条の3）。さらに、1999年に制定された「ダイオキシン類対策特別措置法」により、ダイオキシンによる土壌汚染の防止・除去については公共事業を通じて対策を講じることとなった（29条以下）。

このように市街地の土壌汚染に関する個別の規定が複数の法律に散見されるようになった一方で、市街地の土壌汚染への対策につき包括的に定める法律の制定は大幅に遅れた。最大の争点は、誰を土壌汚染対策の責任者とするかという問題であった。最終的には2002年に「土壌汚染対策法」が成立し、2009年および2017年に大幅な改正が施され現在に至る。

▶ 2 市街地の土壌汚染の除去──土壌汚染対策法

⑴ 目　的
法の目的は土壌汚染に起因する「人の健康被害の防止」に限定されている（1条）。土壌汚染の発生そのものの未然防止については、「廃棄物の処理及び清掃に関する法律」および「水質汚濁防止法」の下での埋立行為と浸透行為の規制等により補完されているものと評価される。

⑵ 概　要
① 特定有害物質
法の目的に照らし、同法の対象物質もまた人が摂取した場合に健康被害を生じさせる物質に限定される。これを「特定有害物質」といい、26物質（揮発性有機化合物、重金属類、農薬に大別される）が指定されている。

② 土壌汚染の調査
土壌汚染に対処するためには、どこに土壌汚染が存在するかを把握する必要がある。そのための調査は、土壌汚染対策法3〜5条に基づき行われる。現行法においては、(i)特定有害物質を扱う工場・事業場（以下、「事業場」）が操業停止したとき（3条1項）、(ii)操業停止後に調査が一時免除されている事業場において900 m²以上の土地工事をするとき（3条7項・8項、土壌汚染対策法施行規則22条但書）、(iii)操業中の事業場において900 m²以上の土地工事をするとき（4条

１項、土壌汚染対策法施行規則22条但書）、(iv)3000㎡以上の土地工事をするとき（４条１項、土壌汚染対策法施行規則22条本文）、(v)健康被害を生じさせるおそれのある土壌汚染の疑いがあるとき（５条）が、それぞれ調査の契機となっている。実際の調査件数は、2019年時点で３～５条契機のものは全体の１割にとどまり、８割強は自主的な調査が占めている。

③　区域の指定と措置の実施

３～５条に基づく調査または自主的調査（14条）の結果、土壌汚染の存在が確認された土地は、要措置区域（６条）または形質変更時要届出区域（11条）のいずれかに指定される。前者は、特定有害物質による土壌汚染が認められ、かつ、健康被害が生じるおそれがある（直接経路または間接経路が現実に存在する）場合に指定され、後者は、土壌汚染は認められるものの健康被害が生じるおそれがない場合に指定される。つまり、２種類の区域の違いは、健康被害のおそれの有無にある。要措置区域に指定された場合は土壌汚染の除去等の措置（以下、「措置」）が講じられる（７条）。なお、農用地の場合と異なり公共事業型は採用されなかったが、これは全国各地の私有地に存在する土壌汚染に公共事業で対応することには行政リソースの限界や土地の権限の問題が付きまとうためである。形質変更時要届出区域に指定された場合には、土地工事を行う際に届出が義務づけられるのみとなる（12条）。2020年11月30日現在、要措置区域の指定件数は232件、形質変更時要届出区域は2724件である。

もっとも、形質変更時要届出区域においても実際には対策が講じられることが多く、その件数は要措置区域におけるものを上回る。これには、「台帳」が関係している。区域指定がなされた土地は、２種類の区域ごとに調整された台帳に記載されることとなるが、土壌汚染が解消した場合には区域指定が解除され、解除台帳に記録される（15条）。この台帳制度により土壌汚染地が公になるが、取引市場においては（たとえ健康被害が生じるおそれのない形質変更時要届出区域であっても）土壌汚染のある土地が敬遠されるため、区域指定解除を目的とした自主的な対策が講じられることが多い。なお、いずれの区域にも指定されていない土地における自主的な土壌汚染対策は、全体の対策件数の６割に上る。

措置の内容としては、掘削除去が大半を占める。土壌汚染があっても直接経路や間接経路が遮断されれば健康被害を防止できるが、実務では土壌中から汚

染を完全に除去することが好まれているのである。ただし、掘削除去の費用は高額であり、これを誰が負担するかについて法的紛争に発展することが多い。

④　汚染土壌の運搬・処理

掘削された汚染土壌が不適切に取り扱われ別の場所に新たな汚染が生じることを防ぐため、2009年改正により汚染土壌処理業の許可制および処理基準等が新設された（16条〜22条）。

⑤　自然由来の土壌汚染

公害としての土壌汚染は、「事業活動その他の人の活動に伴って生ずる」（環境基本法2条3項）という公害の定義に基づき「人為由来」の土壌汚染に限定されるため、当初は「自然由来」の土壌汚染は土壌汚染対策法の対象外とされていたが、土壌汚染による健康被害を防止するという法の目的に照らせば、その原因が人の活動によるか自然によるかを区別する必要はない等の理由から、2010年の環境省の通知および2017年の法改正によって、自然由来の土壌汚染も法の対象となった（18条1項2号・2項、12条1項但書・4項）。

3　土壌汚染対策の責任者は誰か

環境問題への対策とそれに要する費用はその環境問題を生じさせた原因者が負担するという「原因者負担原則」は、環境法の基本原則である。

⑴　土地所有者等

しかしながら、土壌汚染対策法は土地所有者等を責任者として前面に押し出している。まず、調査実施責任はすべて土地所有者等に課されている。この点は、土壌汚染の有無が判明する前に行う調査の段階では原因者が不明であること、および、私有地においては所有者等の許諾なしに調査を実施することはできないことから説明される。次に、要措置区域における措置の実施についても、土地所有者等が第一に責任者として挙げられている（7条1項）。これは、土壌汚染により生じる危険な状態を支配しているのは土地所有者等であること（このような考え方を「状態責任」という）、私有地における土壌汚染対策は土地所有者等の許諾なしには実施できないこと、および、土壌汚染対策は将来の土地の利用方法を考慮して行われることが根拠とされている。

⑵ 原 因 者

　もっとも、原因者が責任者となる場合もある。要措置区域における措置については、(i)原因者が特定され、(ii)原因者に実施させることに相当性があり、(iii)土地所有者等に異論がない、という 3 要件が充たされた場合に限り、土地所有者等ではなく原因者が責任者となる（7 条 1 項但書）。このように、措置実施責任につき原因者には要件が設定されているのに対し、土地所有者はいかなる事情があろうとも無条件で責任者となる。こうした規定ぶりの背景には、土壌汚染がもつストック汚染の特質を踏まえて、原因者の特定が困難であったり、すでに原因者が倒産・死亡しているような場合に責任者が不在となることを避けるという政策的な事情があるが、結果として原因者負担原則が土地所有者責任の陰に隠れるような制度となってしまっている。

　なお、原因者ではない土地所有者等が要措置区域における措置の責任者となった場合であっても、真の原因者を特定することができたときは、土地所有者等は都道府県知事から指示を受けて行った汚染除去等計画の作成および同計画に則した措置の実施（7 条）に要した費用に限って原因者に求償することができる（8 条）。

⑶　土壌汚染に関する法的紛争

　土壌汚染地の所有者になると、土壌汚染対策法に基づき調査や措置の実施責任を負わされうるし、目的とする土地利用に支障が生じるため、土壌汚染の疑いのある土地は不動産取引市場では敬遠される。多くは売主が自主的に土壌汚染の調査や措置を講じた上で土地の売買がなされるが、それでも売買契約締結後に土壌汚染が発覚することは少なくない。意図せず土壌汚染地を取得してしまった所有者が土壌汚染対策のために負担した費用を回収しようと、法的紛争に発展する場合がある。

①　原因者への責任追及

　土壌汚染対策法上の原因者としての責任の有無が争われた事例として、東京地判平成24年 1 月16日判夕1392号78頁（控訴審は、東京高判平成25年 3 月28日判夕1393号186頁）がある。本件においては、市が搬入した廃棄物を業者が埋め立てたことにより土壌汚染が発生したとして、市が土壌汚染対策法 7 条 1 項但書にいう原因者に該当するか否かが 1 つの争点となったが、市が業者の埋立行為を

指示したり是認していたとは認められず、本件埋立ては業者が自己の責任と計算において行ったものである等として、原因者はあくまでも業者であって市ではないと判断された。また、裁判所は、措置命令（2009年改正前の7条1項。現行法7条1項にいう指示に相当）が発されていない以上は、8条に基づく求償権は生じないとも述べている。本判決の示す「原因者」の捉え方、および、自主的に措置を講じた土地所有者による原因者への求償の制限については議論の余地がある。

　② 土地の売主への責任追及

　土地の売買契約成立後、当該土地の土壌汚染が判明した場合、買主である所有者が売主に対して責任を追及することもある。具体的には、売主の「契約不適合責任」を問う場合、①追完請求、②代金減額請求、③損害賠償請求、④契約の解除の4つの手段がありうる（民法562条～564条）。これは、2020年4月施行前の旧「民法」においては「瑕疵担保責任」と呼ばれていたものである（旧民法570条、566条。③④のみが可能であった）。土壌汚染に関する従前の瑕疵担保責任の事例のうち最も著名な判例は、最判平成22年6月1日民集64巻4号953頁である。本件は、土地の売買契約締結後にフッ素が土壌汚染対策法上の特定有害物質となったことにつき、「売買契約締結当時の取引観念」に照らし、本件土地にフッ素による土壌汚染が存在することは当事者が予定していた目的物の品質・性能を欠く「瑕疵（＝キズ）」とはいえないとして売主の損害賠償責任を否定した。もっとも、その後の判例では、本件で示された瑕疵の判断基準としての「売買契約締結当時の取引観念」に基づき土壌汚染の存在が瑕疵として認められ損害賠償請求が認容されるケースは少なくない。そのほか、売主に対して、債務不履行責任（東京地判平成18年9月5日判時1973号84頁）や、不法行為責任（大阪高判平成25年7月12日判時2200号70頁）を問うもの等があり、実際に損害賠償請求が認められることがある。

　③ 行政への責任追及

　土壌汚染対策法が原因者ではない土地所有者に漫然と土壌汚染対策の責任を課すことにつき、その違法性が争われた事例がある（東京地判平成24年2月7日判タ1393号95頁）。本件においては、同法施行前に土壌汚染を知らずに土地を購入した（善意無過失の）土地所有者を免責する規定を置かなかったことが国の「立法裁量」に属する事柄であるとして国家賠償法1条1項適用上の違法性

が否定された。諸外国の土壌汚染関連法制においては、善意無過失の土地所有者等につき減免責する配慮がなされているのが一般的であるが、日本においてはそうした配慮は一切なされておらず、この点は土壌汚染対策法に残された大きな課題である。

まとめてみよう
・土壌汚染に固有の特色と問題をまとめてみよう。
・農用地の土壌汚染と市街地の土壌汚染の問題状況の違いをまとめてみよう。

考えてみよう
・土壌汚染対策法は原因者負担原則に則しているといえるか、考えてみよう。
・どのような場合に誰を土壌汚染の責任者とすべきか、考えてみよう。

〈参考文献・資料〉
①環境省水・大気環境局土壌環境課編『逐条解説 土壌汚染対策法』（新日本法規出版、2019年）
　2017年改正後の土壌汚染対策法が1条ずつ解説されている。
②安田火災海上保険・安田総合研究所編『土壌汚染と企業の責任』（有斐閣、1996年）
　土壌汚染対策法制定前の国内外の土壌汚染対策法制が詳述されている。

Part2
10　海洋汚染

　1　人間の活動による海洋環境への悪影響

　私たちの日々の活動は、さまざまな形で海洋環境にも悪影響を与えている。たとえば使用済のプラスチック製品（ペットボトル等）やその破片が、適切に処分されないまま海に流れ込み、海洋生物に有害な影響をもたらしているとの報告がみられる（海洋プラごみ問題）。それらの多くは陸上から排出されたものだと考えられるが、海がいわばごみの集積場の一部になってしまっている。また海はさまざまな人間活動が展開される場でもあるが、そうした活動も海洋環境へのリスクを伴う。たとえば、2020年8月に発生した、モーリシャス近海での貨物船座礁事故による油の流出を思い出す人も多いだろう。

　このように海に有害な物質などを排出することを、海洋汚染と呼ぶ（より厳密な法的定義は後述）。海は一体でつながっており、また多くの国々や船舶が活動を展開し多様な利害を有する場であるため、こうした海洋汚染はしばしば国際問題となる。そのため、問題に対処するためのさまざまな国際法の規則が発展しており、海洋汚染にかかわる日本国内の関連法令もそれらの国際法をふまえた内容となっている。以下では、日本も含む国際社会が海洋汚染にどのように立ち向かっているのか、主に国際法の規則を手掛かりにみていく。

　2　海洋汚染とは何か

⑴　国際法上の「海洋汚染」

　はじめに、国際法上の「海洋汚染」の定義について確認しておく。一般に参照されるのは、海洋に関する一般規則を定める「海洋法に関する国際連合条約」（国連海洋法条約、1982年）の以下の定義である。

　「……人間による海洋環境（三角江を含む。）への物質又はエネルギーの直接的又

は間接的な導入であって、生物資源及び海洋生物に対する害、人の健康に対する危険、海洋活動（漁獲及びその他の適法な海洋の利用を含む。）に対する障害、海水の水質を利用に適さなくすること並びに快適性の減殺のような有害な結果をもたらし又はもたらすおそれのあるもの」（1条1項(4)）

このように、①人間による海への物質等の導入（排出）であって、②有害性のあるものが、海洋汚染にあたる。①につき対象物質に特に限定はなく、油からプラスチックごみまでさまざまな物質を含みうる定義となっており、さらに熱や音といったエネルギーを海に加えることも含まれる（例：潜水艦のソナーによる鯨類への影響）。また「間接的な」導入でもよいため、たとえば一旦河川や大気に排出された物質が、その後海に至る場合も該当しうる。②の有害性についても、ここで例示されているような悪影響が実際に生じていなくても、そのリスク（「おそれ」）があればよい。このように、広くさまざまな海への排出行為が海洋汚染と評価されうる。

(2) 海洋汚染に対処するための基本的課題

こうした海洋汚染から海洋環境を保護していくためには、第1に、汚染がそもそも発生しないよう未然に防止することが重要である。国連海洋法条約も、締約国の義務として、海洋環境を保護する基本的義務のほか（192条）、汚染防止のために必要な措置をとる義務（194条）や、リスクがある活動に着手する前に環境への潜在的影響について評価・公表する義務（206条）などを定めている。

第2に、汚染が実際に発生してしまった場合の対処も考えておく必要がある。たとえば船舶の事故で汚染が実際に生じつつある状況では、被害の拡大を早めに抑えるための対応が重要である。国連海洋法条約は、そうした場合に被影響国や関係する国際機関への通報を締約国に義務づけているほか（198条）、緊急時の協力や対応計画の事前の策定を求めている（199条）。また発生した被害については、金銭賠償による被害者の救済も問題となる（235条）。

これらの課題についてのより具体的な規則は、他のさまざまな条約等の締結を通じてさらに発展している。以下では、紙幅の関係上、海洋汚染の未然防止の局面に焦点を当て、日本も当事国となっている主な条約を取り上げる。

3　海洋汚染の未然防止

⑴　船舶の運航に伴う海洋汚染の防止

　未然防止に関する国際規則が早くから発展したのは、人や貨物の輸送を行う船舶の運航に伴う汚染についてであった。当初は特にタンカーの運航に伴う油の排出が問題となり、1954年に採択された OILPOL 条約では主に排出基準の設定によりその抑制が図られた。だがその後も、航行に伴う環境リスクの多様化に応じて、さらなる規制の拡大が必要となり、1973年に MARPOL 条約が採択された。厳密にはこの条約自体は発効していないが、その後1978年に、73年条約の内容を修正して実施するための議定書が採択された。この議定書は発効し、一般に MARPOL73/78 と呼ばれている。

　MARPOL73/78 では、タンカー以外の船舶も対象とされ、油のみならず、特定の有害物質や、汚水、船内で生じた廃棄物などのほか、今日では温室効果ガスを含む一定の気体の排出にも規制が及んでいる（大気排出規制のための追加の議定書が1997年に採択されている）。また、排出行為の規制（排出禁止海域の指定や、排水中の有害物質の濃度基準の設定など）に加えて、たとえば事故時の油流出を防ぐ二重船殻構造（ダブルハル）の要求のように、船舶の構造や設備などの規制も行っている。こうした構造設備規制は、広大な海での行為が問題となる排出規制と比べて、遵守の確認が容易だという利点もある（基本的に船を検査すればわかる）。現在、汚染物質の類型毎に6つの附属書が採択され、各々で詳しい基準・規則が定められている。たとえば2011年には、運航に伴う廃物（garbage）による汚染防止規則を定めた附属書Vの改正が採択され、あらゆるプラスチックの排出が原則禁止された（規則3.2）。

　これらの附属書を批准した締約国は、自国に登録された船舶がこれらの規則・基準を遵守するよう確保しなければならない（4条1項）。また、領海といった自国の管轄海域内では、外国船舶も含めて違反を取り締まることが求められる（4条2項）。

　さらに、船が入る港を管轄する国にも重要な役割が期待されている。第1に、船内で発生するごみや廃水等を受け入れる適切な設備を、港に備えることが義務づけられている（附属書Ⅰ規則38など）。海での排出を制限する以上、こ

うした設備は必須である。第2に、入港した外国船舶が、船体構造・設備に関する検査を経た証書を備えているかなどを確認する（そうした立入検査をポートステートコントロール（PSC）と呼ぶ）。問題がある場合には、海洋環境への安全性が確認されるまで、航行させない措置がとられる（5条）。第3に、入港した外国船舶の排出基準の違反についても調査が可能で、違反の証拠があれば当該船舶の登録国（旗国）に提供される（6条）。違法な排出の証拠の収集は必ずしも容易ではなく、こうした国際的な協力が求められているのである。

　また船舶の運航は、バラスト水を媒介に、水生生物の越境移動の要因にもなっている。バラスト水とは、積荷量に応じて船体を安定させるためにタンクに注入される海水である。たとえば日本のワカメは、その胞子がバラスト水に取り込まれて海外へ移動し、当地で繁殖して養殖業などに被害を与えていることが報告されている。そこで「船舶のバラスト水及び沈殿物の規制及び管理のための国際条約」（バラスト水管理条約）が2004年に新たに採択され、他国の管轄海域へ航海を行う船舶（外航船舶）を対象に、バラスト水の交換海域や排出基準等を定め、外来種移入の抑制を図っている。

　日本では、以上のMARPOL73/78やバラスト水管理条約上の義務は、主に「海洋汚染等及び海上災害の防止に関する法律」（海洋汚染防止法）の下で実施されている。同法は、船舶からの油や有害液体物質、廃棄物、バラスト水（同法では「水バラスト」と呼ばれる）、ガスなどの排出を規制するための規則を定める。一例として、同法の10条は、船内の船員等の日常生活に伴って生ずるごみについては、政令で定めるものに限って、排出海域・排出方法に関する基準に従うことを条件に、船から海への排出を認めている（10条1項、2項2号参照）。上の「政令」にあたる海洋汚染防止法の施行令は、現在「食物くず」を挙げており、たとえばプラスチックごみを排出対象として認めていない。

(2)　海洋投棄による海洋汚染の防止

　船舶や航空機、洋上施設から、陸上で発生した廃棄物などを海に投入して処分することを海洋投棄という（なお、船舶・航空機・洋上施設自体を海に投入して処分することも海洋投棄にあたる）。主には船舶からの投入が問題となるが、ここで基本的に想定されるのは、貨物や人の輸送ではなく、廃棄物等の処分自体を目的に船舶が利用される場合である。たとえば、陸上で処理できない都市のし

尿を船に積み、洋上に出て放出するといった行為が該当する。陸上で生じたごみの処分場として海を利用することを直接の目的とする行為であり、上記(1)の取組みとは別に、やはり比較的早い時期から国際的な規則が発展してきた。

投棄規制を目的とした条約として、1972年に「1972年の廃棄物その他の物の投棄による海洋汚染の防止に関する条約」（ロンドン条約）が採択されている。同条約では、水銀など有害と考えられる物質を条約の附属書においてリスト化し、それらを含む投棄を特に規制するという方式を採用していた（リスト方式）。だがその後、規制強化に向けた1993年の条約の一部改正などを経て、1996年に規制を全面的に改正するための議定書（96年議定書）が採択されている。同議定書は、当初のロンドン条約の規制方式を転換し、原則として投棄を禁止した上で、例外的に投棄の検討が可能な物の項目を、附属書に列挙している（リバースリスト方式。4条1.1）。議定書の附属書Ⅰには、一般に有害性が低いと考えられる7項目（浚渫物、下水汚泥、魚の残渣等、船舶・人工海洋構築物、不活性な地質学的無機物質、天然起源の有機物質、無害だが物理的な影響が懸念される巨大な物）が挙げられ、2006年の附属書改正により、温暖化対策として海底下に注入・貯留されるCO_2も追加された。たとえば使用済プラスチックは掲載されていないが、附属書が挙げる項目のいずれにも該当しなければ、議定書上海洋投棄を行うことができない（ただし緊急時の例外はある）。

また、議定書の附属書Ⅰが列挙する項目に該当しても、投棄を全く自由に行えるわけではない（4条1.2、附属書Ⅱ）。締約国の規制当局の事前許可が必要で、その際には海洋投棄の必要性の確認や、海洋への潜在的な影響の評価などが求められる。当初ロンドン条約では、海の浄化能力を前提とした投棄の管理を模索していたが、科学的知見の限界からそれは困難との認識が強まった。そこで議定書では、予防的アプローチに基づき、海洋投棄をできる限り最小限化することを目指しているのである。

日本もこの議定書上の義務を実施するため、海洋汚染防止法の下で原則として海洋投棄（同法では「海洋投入処分」と呼ばれる）を禁止するとともに、例外的に限られた項目の投棄について環境大臣による許可制度を創設した。かつて日本が許可していた投棄で国際的な批判が強かったものの1つに、アルミニウムの生産過程で生じる赤泥と呼ばれる廃棄物があった。鉱物たる原料のボーキサイトに由来することから、議定書上も附属書Ⅰの「不活性な地質学的無機物

質」にあたる（したがって投棄は許可しうる）というのが日本の立場であったが、海洋環境へのリスクを指摘する他国やNGOの批判もあり、2016年以降はその投棄を許可していない。近年日本で許可されている投棄のほとんどは、浚渫で生じる水底の土砂に限られるようになっている（附属書Ⅰの「浚渫物」に該当）。

　なお、船舶等を経由することなく、陸上の施設から直接海に廃棄物等を排出することは、定義上海洋投棄にあたらないと解釈できる（同議定書1条4.1などを参照）。たとえば、福島原発事故の直後の2011年4月に、同原発の敷地から放射性物質を含んだ水が海に排出されたが、違法な海洋投棄だとの見方も散見された（96年議定書は放射性廃棄物の投棄を禁じている）。だが、陸上施設から直接排出している限りで、国際法上はそもそも投棄に当たらないと主張しうる。その場合、次の(3)でみる、陸上活動による海洋汚染として扱われることになる。

(3)　陸上活動による海洋汚染の防止

　これまでみてきた航行や海洋投棄も重要な汚染原因だが、海洋汚染の大半は陸上活動からの排出による。たとえば工場からの廃水が河川を経由して、あるいはパイプを通じて直接に海に排出される場合などがその典型である。このタイプの海洋汚染は、原因活動や排出物質も多様で、また問題状況も地域により大きく異なりうるため、地球規模で具体的な規制に合意することは難しい。そのため、たとえば地中海のように、汚染物質が蓄積し特に国際問題となりやすい閉鎖海・半閉鎖海（外海との水の入れ替わりが少ない海）などを対象に、地域毎に条約による規制が進展している（なお、日本を含む東アジア地域ではまだ条約は締結されていない）。ただし、地球規模の取組みとして法的拘束力のない行動計画は策定されており（「陸上活動からの海洋環境の保護に関する世界行動計画」1995年）、日本もその実施状況の定期的な報告を求められてきた。

　また、特定の有害物質などの生産・使用自体を規制することで、結果的に陸上活動による海洋汚染の削減にも寄与する条約は存在する。たとえば、PCBやDDTなど、残留性有機汚染物質（POPs。毒性、残留性、生物蓄積性を伴う化学物質）については、2001年に「残留性有機汚染物質に関するストックホルム条約」（ストックホルム条約）が締結され、条約の附属書に掲載された化学物質については、製造・使用・輸入の禁止あるいは制限や、廃棄物の適正管理が締約国に義務づけられている。こうした規制が進むことで、それらの物質の海洋

への流入の削減も期待できる。

　このように、有害物質や廃棄物などを発生源から削減していく取組みは、海洋汚染の防止の観点からも極めて重要である。近年特に注目されているプラスチックについても、たとえばG7「海洋プラスチック憲章」（2018年。なお法的拘束力のある条約ではない）は、2030年までにすべてのプラスチックが再利用、リサイクルまたは熱回収されるよう、業界と取り組むことなどを掲げている。日本は、規制の影響を精査する必要を理由に同憲章に署名しなかったが、その後独自の目標を「プラスチック資源循環戦略」（2019年）で明らかにするなどしている。さらに2019年に大阪で開催されたG20サミットでは、2050年までに追加的なプラごみ海洋汚染をゼロとすることを目指す構想（Osaka Blue Ocean Vision）が共有され、各国の取組状況の定期的報告などを求める実施枠組への支持も表明された。具体的なスケジュールを伴う数値目標などの設定は大きな前進だが、目標の実現を確保するための国際的な仕組みが十分といえるかは引き続き問われるだろう。

　最後に、福島原発では、冷却のため燃料デブリに触れるなどをして、放射性物質を多く含んだ水が発生し続けており、その大半は一定の浄化処理を経たうえで陸上のタンクに貯蔵されてきた。2021年4月に明らかにされた方針によれば、こうした処理により大部分の放射性物質が取り除かれた水（トリチウムは残る）は、海洋放出によって処分される見通しである。海洋投棄に該当しないよう、陸上の敷地から直接配管を通じて海に放出する方法が検討されているようだが、そうした方法で実施するとしても、少なくとも前述（⇒2⑵）の国連海洋法条約の下での汚染の未然防止に関する規則は遵守する必要がある。この点は、陸上活動による他の海洋汚染についても同様である。

まとめてみよう

・MARPOL73/78 の下で、港を管轄する国にはどのような役割が期待されているか。

・海洋投棄の国際規制について、ロンドン条約での当初の規制方式と、現在のロンドン条約96年議定書の規制方式とではどのような違いがあるか。

考えてみよう

・日本の海洋汚染防止法を参照し、ロンドン条約96年議定書上の義務に対応する具体的な規定を探してみよう。

・本文で最後に触れた福島原発の処理水の海洋放出を実際に行う場合、国連海洋法条約や海洋汚染防止にかかわるその他の条約の規則に照らして、日本は国際法上どのような点に気をつけて実施する必要があるか。

〈参考文献・資料〉

①鶴田順「海洋汚染」西井正弘・鶴田順編『国際環境法講義』（有信堂、2020年）9章
　　特に MARPOL73/78 やロンドン条約の要点をわかりやすく整理している。

②富岡仁『船舶汚染規制の国際法』（信山社、2018年）
　　本章では扱えなかった問題として、広大な海を航行する船舶による汚染を具体的にどの国が規制するのか、また、それらによる汚染の被害を誰が賠償するのかといった問題がある。これらの点についての国際規則の発展を詳しく検討している。

③堀口健夫「海洋汚染防止に関する国際条約の国内実施」論究ジュリスト7号（2013年）
　　日本がロンドン条約96年議定書の義務をどのように国内で実施しているか、現状と課題を検討している。

④堀口健夫「ロンドン海洋投棄条約体制による二酸化炭素回収・貯留（CCS）の規律の意義と限界」国際問題2020年7・8月合併号（2020年）
　　海洋投棄の規制を目的とするロンドン条約96年議定書において、温暖化対策である二酸化炭素の海底下貯留が規制されることの意義と限界を検討している。

⑤鶴田順「海のプラスチックごみ問題」国際問題2020年7・8月合併号（2020年）
　　プラごみによる海洋汚染をめぐる、近年の国内外の取組みの動向を詳しく検討している。

コラム⑦　水俣病

食中毒事件

　水俣病は、1956年に熊本県水俣保健所で初めて患者が「公式確認」された食中毒事件である。後に新潟県阿賀野川流域でも同種の食中毒が確認された（新潟水俣病）。その症状は一過性のものではなく、妊娠中の食事の影響で子が発症する「胎児性水俣病」も知られている。以下は、熊本水俣病事件の概観である。

　一般的には、手足のしびれに加えて、発話・歩行等の運動機能にかかる障害、また、聴力・視力・味覚・知能の低下といった症状があるといわれるが、そうした（時に軽微な）慢性症状のみならず、発生当初には、急性劇症型といわれる症状で錯乱状態を呈し、悶え苦しみながら何人もの患者が亡くなっていった。しばらく原因のわからないまま、奇病とも称され、遺伝や伝染を恐れる人々によって患者とその家族が差別されるという、筆舌に尽くしがたい悲惨な経過を辿った。

水俣の惨劇

　熊本県南西部に位置する八代海（不知火海(しらぬい)とも呼ばれる）は、八代市から鹿児島県出水市に至る九州本島の西岸と天草の島々とに挟まれた、閉鎖性水域である。八代市の南に位置する水俣は良好な湾を擁する港町であり、古くから漁業が営まれていた。1908年から、肥料製造企業（後のチッソ株式会社、現在のJNC株式会社）が水俣工場を操業。やがて水俣は企業城下町という顔を併せもつようになる。

　1932年からは同工場でアセトアルデヒドが製造されており、その際に発生するメチル水銀が工場廃水と共に八代海に流出。生物濃縮によりそれを濃厚に取り込んだ魚介類を食べると水俣病を発症するということが、後に判明する。メチル水銀が患者の脳に溜まり、中枢神経を冒していた。しかし、そのことが政府見解として表れるには1968年まで待たねば

ならなかった。苦しむ患者に栄養を摂らせようと、家族は魚を与えたという。

　1959年にはメチル水銀が原因である可能性が指摘され、会社内の実験で工場廃水を投与された猫が水俣病の症状を示すことが実証されていたが、会社側はこれを秘匿し、患者側に不利な見舞金契約（死亡者には30万円。後に工場の責任が判明しても追加の請求を行わない旨の約束も含まれていた）を結ぶことで、事態を収めようとした。メチル水銀を除去できない廃水浄化装置を設置し、その効果を偽りもした。

　貧しい生活の中で症状と差別に苦しむ患者が、知人や親類縁者も多く勤める地元の大企業との交渉に、どのような思いで臨んだだろうか。見舞金契約の不利がわかっても、縋るよりなかったかもしれない。団結すべき患者たちは揺さぶられ、さらに10年、塗炭の末に得た政府見解の後にも、容易には救済を得られなかった。そこに、闘う人々がいた。

救済のための闘い

　1973年、熊本地裁は、「被害者の無知、窮迫に乗じて」締結させた見舞金契約の効力を否定し（公序良俗違反）、患者1人あたり1600万～1800万円の賠償金を支払うよう会社に命じた（熊本水俣病第一次訴訟）。提訴から4年。会社はこれを受け容れ、同判決と同等の補償協定を患者団体と結び、ようやく救済の光が射した。

　ところが、このコラムが執筆されている2021年末においても、水俣病救済の闘いは終わっていない。国は1969年に公害健康被害の救済のための法律を制定しており、水俣病患者はこれに基づいて患者認定を受け会社と補償協定を結び一時金による救済を受ける、という流れが整えられた。にもかかわらず、申請からいくら待てども認定がなされない。裁判資料によると、1976年6月末時点で4200件余りの申請のうち1000件弱しか処理できてい

ない状況であった。その後、未処分件数はさらに増大し、10年以上の遅延も生じた。

　冒頭で紹介した症状それぞれは水俣病に特有のものではなく、脳のメチル水銀を直接検査できない以上、判定には困難もあったと想像される。ただ、そこで国が発した判定基準（いわゆる52年判断条件＝1977年環境庁部長通知）が、救済範囲を不当に狭める運用の可能性をはらみ、紛争の火種として長くくすぶり続けた。医師が、弁護士が、そして「ニセ患者」の誹謗に惑う被害者が、認定制度に翻弄された（国の官僚にも苦悩があったことを記しておきたい）。1986年、2000名を超える原告団の前線基地として、水俣に小さな法律事務所ができた。

　国は、水俣病総合対策医療事業（1992年）や「政治解決」と称する給付（1995年）で、救済の漏れを取り繕おうとしたが、2004年、最高裁はそもそも国と熊本県に被害拡大防止を怠った責任があることを認め、被害者への国家賠償を命じた。政治解決に応じなかった患者が勝ち取った判決である（水俣病関西訴訟）。ここに至り、認定救済制度の欠陥は覆いようもなくなった。認定申請が増加し、国家賠償訴訟が提起された。2009年、国は水俣病被害者救済特措法を制定し、さらなる政治解決ともいうべき給付を実施。申請と審査を経て３万8000人以上が「救済」された。

　これを契機に多くの和解が成立したものの（ノーモア・ミナマタ訴訟）、52年判断条件はなお祟った。2013年、最高裁は上述の「救済」から漏れた者に水俣病認定を義務づける判決を示した。同判決は、認定救済制度にありうる漏れを政治的に繕おうという国のやり方を真っ向から否定し、過去に発せられた数多の認定拒否の正当性をおよそ疑わせる要素を含んでいた。

「明らかな根拠」

　理不尽と困難に塗りこめられた水俣病の歴史は、今なお紡がれる法の神話かのように、公害救済の教訓を伝えている。実は、公式確認の翌年には、水俣湾の魚介類による食中毒だと疑った熊本県が、食品衛生法を適用して魚の捕獲を規制しようとしていた。ところが厚生省（当時）は、「水俣湾内特定地域の魚介類のすべてが有毒化しているという明らかな根拠が認められないので」適用できないとしたのである。「すべてが」？という揚げ足は取らないにしても、「明らかな根拠」がみつかってからでは遅過ぎる。規制においても患者認定においても、水俣病は「明らかな根拠」との闘いであった。

〈参考文献・資料〉
①原田正純『水俣病』（岩波書店、1972年）
　　水俣に通い患者に寄り添った医師（熊本大学助教授）による記録。科学者らしい理知的で淡々としたその叙述は、かえって読者の心を締め付けずにはおかない。
②緒方正人『チッソは私であった　水俣病の思想』（河出書房新社、2020年）
　　いったい責任はどこにあるというのか。のたうち苦しんだ「親父の仇討ち」を胸に、被害者として怒りの運動に身を投じた著者は、惑いさまよう中で、やがて水俣病問題を解決しようとするシステムの非人間性を見つめるに至る。2001年刊行書の文庫版。

[原島良成]

Part2
11

廃棄物・資源循環

[島村　健]

1　循環型社会とはどのような社会か

　2000年に制定された循環型社会形成推進基本法は、製品が廃棄物となることを抑制し、また、その循環的な利用を促進し、循環的な利用ができない場合には適正に処分することによって実現される「天然資源の消費を抑制し、環境への負荷ができる限り低減される社会」を、私たちが目指すべき「循環型社会」と定義している。2017年度における日本全体の物質フローでは、廃棄物等が5億4800万トン発生し、そのうち2億3700万トンがリサイクル等によって循環的に利用されているが、2億2200万トン分が焼却等により減量化され、最終的に1400万トンが埋立て処分されている（『令和2年版環境・循環型社会・生物多様性白書』）。以下では、製品等が廃棄物となった場合にその適正な処分を確保するための法制度、および、廃棄物の発生抑制またはその循環的な利用を促すための法制度について、順に説明する。

2　廃棄物の適正な処理

(1)　一般廃棄物と産業廃棄物

　2017年度の産業廃棄物の発生量は約3億6800万トン、一般廃棄物の発生量は4289万トンであった。「産業廃棄物」とは、事業活動に伴って生じた廃棄物のうち、「廃棄物の処理及び清掃に関する法律」（以下、「廃掃法」ないし単に「法」という）の施行令で定められたもの、および輸入された廃棄物のことをいう（法2条4項）。一般廃棄物とは、産業廃棄物以外の廃棄物をいう（法2条2項）。一般廃棄物には、家庭から発生するごみ（家庭系一般廃棄物）と、事業活動に伴って生ずる廃棄物のうち、廃掃法施行令において産業廃棄物として列挙されていないものが含まれる（事業系一般廃棄物）。

　廃掃法は、産業廃棄物および一般廃棄物の不適正処理により、生活環境を

悪化させたり、公衆衛生上の問題を引き起こしたりすることのないように、廃棄物処理の責任を負う主体を明確にし、廃棄物の収集・運搬、焼却や埋め立てにあたり守るべき基準を定めている。また、廃棄物の収集・運搬や、処分（焼却、埋立て等）を業として行おうとする場合には、行政機関から許可を得なければならないとされている。同じく、廃棄物の処理施設（焼却炉や廃棄物の最終処分場など）を設置する際にも、許可が必要とされている。これらは、処理主体、処理施設の適格性を、行政機関の関与により担保しようとするものである。

⑵　一般廃棄物に関する規制

　まず、一般廃棄物については、市町村が、一般廃棄物処理計画を策定した上で、その計画に基づきその区域内の一般廃棄物を生活環境の保全上支障が生じないうちに収集・運搬、処分する責任を負っている（法6条の2）。一般廃棄物の処理は市町村が行うことが原則であるが、市町村による一般廃棄物の収集・運搬、処分が困難である場合には、市町村長は、事業者が、一般廃棄物の収集・運搬ないし処分を業として行うことを許可することができる（法7条）。焼却炉や最終処分場などの一般廃棄物処理施設を設置する際には、市町村が設置する場合にも、一般廃棄物処理業者が設置する場合にも、都道府県知事による許可を受けなければならない（法8条）。

⑶　産業廃棄物の処理に関する規制

　産業廃棄物については、それを排出する事業者自らが処理しなければならない（法11条）。もっとも、実際には、多くの排出事業者にとって、その排出する産業廃棄物を、自ら焼却したり最終処分場を確保したりすること（自社処理）は現実的ではない。廃掃法は、排出事業者が、産業廃棄物処理業者に、産業廃棄物の収集・運搬や処分を委託することを想定している（法12条5項・6項）。産業廃棄物の収集・運搬や処分を業として行おうとする者は、都道府県知事の許可を受けなければならない（法14条）。業の許可とは別に、焼却炉や最終処分場といった産業廃棄物処理施設を設置しようとする場合、都道府県知事の許可を受けなければならない（法15条）。

　産業廃棄物の処理は、自社処理ではなく他者への委託によって処理されることがほとんどであるが、委託による処理が適正に行われることを確保するた

め、廃掃法は次のような定めを置いている。①委託先は、許可を受けた業者で
なければならない（法12条5項）。②委託契約の形式や内容については、政令で
定める基準に従わなければならない（法12条6項）。③排出事業者は、産業廃棄
物の処理を委託する際、管理票（マニフェスト）を交付し、当該産業廃棄物の
最終処分終了後、それが排出事業者に回付されてくるまで、処理のプロセスを
把握しなければならない（法12条の3、12条7項）。④排出事業者が、不当に安
い料金で産業廃棄物の処理を委託したなどの事情がある場合、委託先の産業廃
棄物処理業者等によって不法投棄された廃棄物の除去等を命じられることがあ
る（法19条の6。後述(5)参照）。

(4)　「廃棄物の定義」という問題

　ここまでで、「廃棄物」は、一般廃棄物と産業廃棄物とに分類されており、
それぞれの処理について、廃掃法に基づく規制がなされていることを説明し
た。以下では、そもそも「廃棄物」とは何か、ということについて説明する。
廃掃法は、「廃棄物」を「ごみ、粗大ごみ、燃え殻、汚泥、ふん尿、廃油、廃
酸、廃アルカリ、動物の死体その他の汚物又は不要物であって、固形状又は液
状のもの（放射性物質及びこれによって汚染された物を除く。）」と定義している
（法2条1項）。「ごみ、粗大ごみ」以下は例示列挙であり、固体・液体の「汚物
又は不要物」というのが、廃掃法上の「廃棄物」の定義である。

　「放射性物質及びこれによって汚染された物」は、廃掃法の対象から除外さ
れている。2011年3月11日に起きた福島第1原子力発電所の事故により、同原
発から大量の放射性物質が、福島県を中心に東日本の広範囲に飛散した。放射
性物質により汚染された物を処理したり土壌を除染したりする事態を廃掃法は
想定しておらず、事故後に、急遽、「平成23年3月11日に発生した東北地方太
平洋沖地震に伴う原子力発電所の事故により放出された放射性物質による環境
の汚染への対処に関する法律」（放射性物質汚染対処特別措置法）が制定され、こ
の法律に基づき、放射能によって汚染された物の処理や、除染が行われた。

　「廃棄物の定義」が重要な解釈問題になるのは、ある物が「廃棄物」である
とされれば、その物を、業として収集・運搬したり、処理したりするには許可
が必要となり、許可なくこれを行うと刑罰の対象になるからである（処理施設
の設置についても同様である。法25条1項1号・8号）。また、廃棄物を収集・運

搬、保管、処分する際には、政省令の定める基準に従って行わなければならない（法6条の2第2項、8条の2第1項1号、8条の3第1項、12条1項・2項、15条の2第1項1号、15条の2の3等を参照）。その物が「廃棄物」でないならば、基本的にこれらの廃掃法上の規制は適用されない。

　廃棄物の定義に関するリーディング・ケースは、「おから事件」として知られる次のような事案である。本件は、他の事業者からおからの処理を委託された事業者（被告人）が、廃掃法上の許可を受けずにおからを収集・運搬し、飼料や肥料に加工したことが、廃掃法に違反するか否かが争われた刑事事件である。この事件の争点は、おからが「産業廃棄物」にあたるか否かであったが、最高裁は、おからは「不要物」にあたり、廃掃法2条4項にいう産業廃棄物に該当するから、被告人の行為は無許可で産業廃棄物の処理を行ったものであり、廃掃法に違反すると判断した（最判平成11年3月10日刑集53巻3号339頁）。最高裁は、「『不要物』とは、自ら利用し又は他人に有償で譲渡することができないために事業者にとって不要になった物をいい、これに該当するか否かは、その物の性状、排出の状況、通常の取扱い形態、取引価値の有無及び事業者の意思等を総合的に勘案して決するのが相当である」と述べ、廃棄物該当性の判断に際し、排出者の主観面（事業者の意思）と物の性状等の客観面を総合的に考慮する立場（総合判断説）をとることを明らかにした。

　もっとも、事業者の主観面を重視すると、事業者が、客観的にみて生活環境の保全上支障のある物を、保管という名目で放置・投棄しているような場合に、廃掃法の適用対象外であるという言い逃れを許すことになりかねない。そこで、行政実務は、廃棄物該当性の判断に際し、総合判断説を採りつつも、取引価値の有無などの客観面を重視し、占有者の認識が廃棄物該当性の判断に際し決定的な要素とはならない、という考え方をとっている。

(5) 不法投棄への対処

　産業廃棄物の不法投棄の発生件数は、今世紀に入って減少してきているが、2018年度にも、5000トン以上の大規模な不法投棄事案が4件、不適正処理事案が2件、新たに判明するなど、近年においても、依然として大規模な不法投棄・不適正処理事案が後を絶たない。

　産業廃棄物処理業者が不適正な処理を行っている場合には、都道府県知事

は、改善命令を発することができる（法19条の3）。また、不法投棄が行われた場合には、都道府県知事は、不法投棄を行った者に対し、廃棄物の除去等を求める措置命令を発することができる（法19条の5）。措置命令を発するべき場合であるのに都道府県知事が命令を発しない場合、健康または生活環境にかかる被害を受けるおそれのある者は、都道府県を被告として、措置命令を発することの義務付けを求める訴訟を提起することも考えられる（行政事件訴訟法3条6項1号の非申請型義務付け訴訟。認容例として、福岡高判平成23年2月7日判時2122号45頁）。

　不法投棄を行った者に資力がないなどの事情があり、不法投棄者に措置命令を発しても適正な処理がなされない場合もある。そのような場合であって、不法投棄された廃棄物をもともと排出した事業者が、廃棄物処理料金として適正な対価を支払っていなかったとき、あるいは、不法投棄がされることを知り、または知ることができたときなど、排出事業者に一定の帰責事由がある場合には、都道府県知事は、排出事業者に対して措置命令を発することができる（法19条の6）。これも産業廃棄物の処理にかかる排出事業者責任の1つのあらわれである。このようなサンクションも、排出事業者に対し、産業廃棄物の処理を適正に行っている処理業者との間で契約を結ぼう、動機づけを与えるものである。

▶ 3　モノの循環的な利用

(1)　リデュース・リユース・リサイクル

　廃掃法に基づく上記のような規制は、発生した廃棄物を適正に処理するための法制度である。しかし、循環型社会を実現するためには、なるべく廃棄物が発生しないようにすること（リデュース）、中古品などを再利用すること（リユース）、使用済み製品を再生利用すること（リサイクル）を優先しなければならない（Reduce, Reuse, Recycle の頭文字をとって3R政策などと呼ばれる）。循環型社会形成推進基本法5条〜7条は、施策の優先順位を明示し、①廃棄物の発生抑制、②循環資源（廃棄物等のうち有用なもの）の再使用（リユース）、③循環資源の再生利用（製品の原材料に用いるかたちでのリサイクル）、④熱回収（廃棄物を燃焼させてその熱エネルギーを利用すること）、⑤適正な処分という順序で追求す

べきであるとしている。

⑵　3R 促進のための法制度

　循環型社会形成推進基本法の下には、廃棄物の適正な処理を確保することを主眼とする廃掃法のほか、3R の促進を総合的に推進してゆくことを目的とする「資源の有効な利用の促進に関する法律」（資源有効利用促進法）や、個別分野ごとに使用済み製品等を対象として 3R、とりわけ、リサイクルの促進のための措置を定める個別リサイクル法が位置づけられている（図 1 参照）。

　ここでは、個別リサイクル法のうち、3 つの法律の仕組みを簡単に説明する。まず、「容器包装に係る分別収集及び再商品化の促進等に関する法律」（容器包装リサイクル法）は、容器の製造事業者（たとえば、飲料用の缶の製造メーカー）および容器・包装の利用事業者（たとえば、飲料用の缶の中身を製造している飲料メーカーや、缶に入った飲料を販売している小売業者）に対し、容器包装廃棄物のリサイクル義務（再商品化義務）を課している。この法律は、概ね次のように運用されている。①市町村は、家庭から排出された容器包装廃棄物を分別収集する。②分別収集された廃棄物は、日本容器包装リサイクル協会によって実施される競争入札において、再商品化業務を落札したリサイクル業者によって引き取られ、リサイクル（再商品化）される。③法律上、再商品化義務を負っている容器の製造事業者等は、日本容器包装リサイクル協会に対し処理料金を支払うことによって、再商品化義務を履行したものとみなされる。なお、2021 年には、海洋プラスチック問題、気候変動問題、諸外国の廃棄物輸入規制強化に対応するため、（容器包装以外のプラスチックも含めた）プラスチックの資源循環を促進することを目的として、「プラスチックに係る資源循環の促進等に関する法律」（プラスチック資源循環促進法）が制定された（**コラム⑧**参照）。

　次に、特定家庭用機器再商品化法（家電リサイクル法）は、使用済みとなった家電 4 品目（冷蔵庫・エアコン・テレビ・洗濯機）について、①最終消費者が家電リサイクル料金を支払い小売業者等に引き渡すべきこと、②家電メーカーがその廃家電を引取り、リサイクル（再商品化）すべきことを定めている。

　また、「使用済自動車の再資源化等に関する法律」（自動車リサイクル法）は、①新車を購入する者が、その自動車が将来廃車になるときに必要となるリサイ

図1　循環型社会の実現を図る法制度

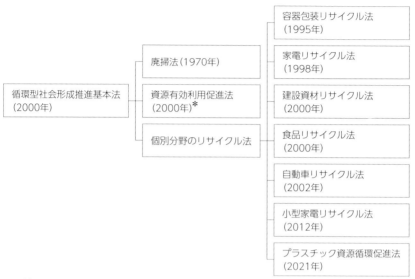

```
循環型社会形成推進基本法        ┌─ 廃掃法(1970年)
(2000年)                    │
                           ├─ 資源有効利用促進法
                           │   (2000年)*
                           │
                           └─ 個別分野のリサイクル法
```

	容器包装リサイクル法 (1995年)
	家電リサイクル法 (1998年)
	建設資材リサイクル法 (2000年)
	食品リサイクル法 (2000年)
	自動車リサイクル法 (2002年)
	小型家電リサイクル法 (2012年)
	プラスチック資源循環促進法 (2021年)

* 前身である再生資源利用促進法の制定は1991年。
出典：筆者作成

クルのための費用として、新車購入時に、自動車リサイクル料金を指定法人に預託すべきこと、②廃車時に、自動車メーカーが、市場ベースのリサイクルが期待できない自動車の部品（カーエアコンに使用されるフロン、エアバッグ、シュレッダーダスト）を引取り、再資源化すべきことを定めている。自動車の購入者が購入時に支払った自動車リサイクル料金は、その自動車が廃車になった際に、その自動車の再資源化のために用いられる。

　3Rのうち、最も優先順位が高いはずの、リデュース（廃棄物の発生抑制）を促進するための政策措置は、なお不十分といわざるをえない。廃棄物の発生抑制を図るための最近の施策の例としては、いわゆるレジ袋有料化政策を挙げることができる。容器包装リサイクル法7条の4は、容器包装廃棄物の排出抑制のため、容器包装の過剰な使用の抑制等を行うことが特に必要な業種として政令で定めるもの（実際には、小売業が指定されている）が、容器包装廃棄物の排出抑制のために取り組むべき措置に関するガイドライン（「事業者の判断の基準となるべき事項」）を省令で定めることとしている。この省令では、繰り返し利用可能なもの、生分解性プラスチックを利用したもの、25%以上バイオマス原料

由来であるものを除き、プラスチック製の買物袋は、有償で提供することとされている。レジ袋有料化により、レジ袋の辞退を促し、レジ袋が廃棄物になることを抑制しようとするものである。

(3) 拡大生産者責任

　先に取り上げた３つのリサイクル法（容器包装、家電、自動車リサイクル法）は、製品の生産者などに、使用後の製品を引き取り、リサイクル（再商品化・再資源化）する義務を課している。これは、拡大生産者責任（EPR: Extended Producer Responsibility）という考え方に基づくものである。拡大生産者責任とは、OECD のガイダンス・マニュアルによれば、「物理的および／または金銭的に、製品に対する生産者の責任を、製品のライフサイクルにおける消費後の段階にまで拡大させるという環境政策のアプローチ」のことをいう。製品の生産者に、使用済み製品を引き取り、リサイクルする義務を課すことの意義は、そうすることによって、製品の生産者に、製品の消費後に生ずる環境負荷をも考慮した、リサイクルしやすい製品の設計（環境配慮設計）を行うよう促すことができる、という点にある。

▶ 4　国際資源循環

　使用済み製品やそのスクラップなどの循環資源が、日本を含む先進国から途上国などに向けて、リサイクル目的で輸出されている。輸出先国の方が労働コストが安いとか、再生資源の需要が大きいといった事情があるためである。リサイクルコストが安い国で循環資源のリサイクルを行うことは、資源の有効利用の促進という観点からは望ましいことのようにみえる。しかし、輸出先国において、労働安全規制や環境規制が不十分であることも多く（そのために規制遵守コストが安い）、先進国などから輸出された循環資源の処理に伴い、途上国の労働者の健康や環境が脅かされているという指摘が、研究者や環境 NGO から繰り返しなされてきた。循環資源の越境移動は、資源の有効利用というポジティブな面がある一方で、輸出先の国で環境問題等を引き起こしているという面があることにも留意しなければならない。

　有害な廃棄物の国境を越える移動は、すでに1970年代から多く行われてい

た。その後、欧米諸国などの先進国から輸出された廃棄物が、途上国において深刻な環境汚染をもたらしているということが国際社会において広く認識され、1989年には、一定の有害廃棄物の越境移動の際に締約国が履践すべき手続等を定めた「有害廃棄物の国境を越える移動及びその処分の規制に関するバーゼル条約」が採択された。日本は、1993年に同条約を批准している。

まとめてみよう

・循環型社会の形成を促すための政策措置としてはどのようなものがあるだろうか。容器包装の分野を例に、どのような法制度があるかまとめてみよう。

考えてみよう

・私たちが買い物のときに受け取る食品トレーを例に、廃棄物の排出を抑制するために、どのような方策がありうるか考えてみよう。
・飲料用ペットボトルの回収率は90%を超えている。この割合をさらに高めるには、どのような施策が考えられるだろうか。

〈参考文献・資料〉

①大川真郎『豊島産業廃棄物不法投棄事件』（日本評論社、2001年）
　　瀬戸内海に浮かぶ豊島に莫大な量の産業廃棄物が不法投棄されたが、住民らは公害調停を通じ、それを全量撤去させることに成功した。住民側の弁護士であった著者が事件の経緯について解説する。
②小島道一『リサイクルと世界経済』（中央公論新社、2017年）
　　国境を越える中古品や再生資源取引の実態と、それによって生じる諸問題を描く。

コラム⑧　プラスチックごみ問題

複雑で厄介なプラスチックごみ問題

　プラスチック製品は、1950年頃から日本でも広く出回るようになり、今では私たちの生活に欠かせない存在となっている（参考文献・資料②40-43頁）。しかし近年、プラスチックごみへの対応は、各国共通の大きな政策課題となってきた。

　そもそもプラスチックとは何だろうか。さまざまなものがあるものの、日本でいうプラスチックとは、合成高分子物質（合成樹脂）を指し、その主な原料は、石油由来のナフサである。石油由来のプラスチックは、熱可塑性や熱硬化性のほか、絶縁性、疎水性、難分解性、親油性といった性質をもつ。

　プラスチックごみ問題は、どういったものか。これは、複数の問題が絡み合った厄介なものである。第1の問題は、海洋プラスチック汚染である。世界で毎年、推計800万トンのプラスチックごみが海に流出しているとされ、そうしたごみの重量は、2050年に魚の重量を超えるともいう。プラスチックごみによる景観問題は、すでに各地の海岸で現実化しており、波間を漂うマイクロプラスチック（5mm以下のもの）については、生態系や人体への悪影響が強く懸念される状況にある。現時点では、科学的不確実性があるものの、マイクロプラスチックの誤食や添加剤、吸着した化学物質などによる悪影響が心配されている。

　第2の問題は、プラスチックごみの国内処理である。日本は従来、大量の廃プラスチックを中国などへ輸出し、また、これらを有効利用分として位置づけてきた。しかし、2017年の中国を皮切りに東南アジア各国で輸入規制が行われ、日本はこの方法をとれなくなった。輸入規制が行われたのは、輸入した廃プラスチックの不適正処理による環境汚染が、各国で問題視されるようになったためである。さらにバーゼル条約第14回締約国会議（COP14）で、汚れたプラスチックごみを規制対象化する条約附属書の改正が決議され（2021年1月1日発効）、それに該当するごみの輸出には、相手国の同意が必要となった。こうして現在では、大量の廃プラスチックを国内処理し、かつ、その有効利用率の向上を図ることが、喫緊の課題となっている。

　第3の問題は、気候変動問題である。プラスチックごみの国内処理にあたり、二酸化炭素の排出に注意しなければならない。石油由来のプラスチックごみを焼却すると、仮にその熱を有効利用（熱回収）するとしても、多量の二酸化炭素を排出してしまう。日本は、気候変動枠組条約のパリ協定を遵守するために、温室効果ガスの排出削減を精力的に進めねばならない立場にある。そこで、プラスチックごみの国内処理について、この点も含めたライフサイクルアセスメント（製品のライフサイクル全体の環境負荷を評価する方法）を実施し、関連の施策を合理的に進めることが求められる。

循環経済への転換を目指して

　日本はこれまでにも、循環型社会形成推進基本法（2000年）の下で、3Rの取組みを推進してきた。とりわけ、容器包装リサイクル法（1995年）や家電リサイクル法（1998年）などの個別リサイクル法を制定し、製品の種類に着目した対応を進めてきた。ここ数年は、プラスチックごみに特化した戦略を立て、素材に着眼した横断的な対策を進めている。まず政府は、2019年5月31日、「プラスチック資源循環戦略」と「海洋プラスチックごみ対策アクションプラン」を策定し、海岸漂着物処理推進法（2009年）に基づく「海岸漂着物対策を総合的かつ効果的に推進するための基本的な方針」を変更した。

　上記の戦略は、3Rの徹底と再生可能資源への代替を図る「3R＋Renewable」という基本原則を掲げ、マイルストーンとして数値目標を示した（**図1**）。2020年7月から開始

〜〜〜

図1　プラスチック資源循環戦略のマイルストーン

〈リデュース〉
①2030年までにワンウェイプラスチックを累積25％排出抑制
〈リユース・リサイクル〉
②2025年までにリユース・リサイクル可能なデザインに
③2030年までに容器包装の6割をリユース・リサイクル
④2035年までに使用済プラスチックを100％リユース・リサイクル等により、有効利用
〈再生利用・バイオマスプラスチック〉
⑤2030年までに再生利用を倍増
⑥2030年までにバイオマスプラスチックを約200万トン導入

されたレジ袋有料化義務化も、これを受けたものである。また、2021年6月に「プラスチック資源循環促進法」も成立した。この法律は、プラスチック製品の設計から廃棄物処理までを視野に入れ、あらゆる関係主体に3R＋Renewableの取組みを促すための措置を講じるものとされ、①プラスチック使用製品設計指針、②特定プラスチック使用製品の使用合理化、③市町村の分別収集・再商品化、④製造・販売事業者等による自主回収と再資源化、⑤排出事業者の排出抑制と再資源化等、に関する規定を置く。なお、マイルストーンにあるバイオマスプラスチックとは、再生可能な生物由来の原料で作られるものであり、焼却による気候変動問題への悪影響が少ないと期待される。他方で、海洋プラスチック汚染との関係では、自然界で分解されやすい生分解性プラスチックも注目されている。ただし、これらの代替物も、それぞれ欠点をもつため、それらの特性を踏まえた適切な活用が求められる。

　プラスチックごみ問題への対応として、長期的に何を目指すのか。EUは、循環経済（circular economy）という理念を掲げ、産業構造の転換を目指している。これは、大量生産・大量消費・大量廃棄を行う一方通行型の線形経済（linear economy）から、効率的な資源利用を徹底する循環経済への転換を目標とするものであり、日本もこれを共有している。

〈参考文献〉
①枝廣淳子『プラスチック汚染とは何か』
（岩波書店、2019年）
　プラスチックごみ問題をコンパクトにまとめた上で、日本もこの問題を産業政策として位置づけ、循環経済の実現を目指すべきことを説く。
②高田秀重監修『プラスチックの現実と未来へのアイデア』（東京書籍、2019年）
　プラスチック海洋汚染研究の第一人者による監修の下、プラスチックごみ問題につき、その現状から国内外の政策動向まで、さまざまな角度から取り上げる。図表も多く、より詳しく勉強するために有用な一冊。
③磯辺篤彦『海洋プラスチックごみ問題の真実』（化学同人、2020年）
　海洋プラスチックごみ問題を最前線で研究する海洋物理学者が、研究の現状と未来の予測を一般向けにわかりやすく解説している。

［筑紫圭一］

Part2
12 公害・環境問題による被害の司法的・行政的救済

［大坂恵里］

1 損害賠償請求

(1) 公害・環境問題の原因者が１人である場合

　公害・環境問題による被害を受けた者は、被害を回復するためにどのような法的手段を取ることができるだろうか。まず考えられるのは、被害者が原因者に対して損害賠償を請求することである。この場合、被害者の方で、Ⓐ原因者に故意または過失があること、Ⓑ被害者の権利・法律上保護される利益が侵害されたこと、Ⓒ損害が発生したこと、Ⓓ加害者の行為と被害者の損害との間に因果関係があることを証明しなければならない（民法709条）。

　Ⓐについて、判例は、原因者には予見できたはずの結果を回避する義務を怠った場合に過失があると判断している（大阪アルカリ事件・大判大正５年12月22日民録22輯2474頁）。人の生命を奪うほどの深刻な公害事件においては、被告企業に、操業停止も含めた必要最大限の結果回避義務が課せられた（新潟水俣病訴訟・新潟地判昭和46年９月29日下民集22巻9=10号別冊１頁、熊本水俣病訴訟・熊本地判昭和48年３月20日判時696号15頁）。このような経験から、現在では、大気汚染や水質汚濁によって人の生命・身体を害した事業者は、たとえ過失がないとしても損害賠償責任を負わなければならない（大気汚染防止法25条、水質汚濁防止法19条）。

　Ⓑについて、人の生命・身体が害される事例においては、その法益の重大性から、加害行為の態様を問わず違法と判断されるべきであるが、日照や通風のような生活利益が侵害される事例においては、加害者・被害者双方の事情が総合的に勘案され、被害が一般社会生活上受忍すべき程度（受忍限度）を超える場合に違法であると判断されてきた。ここで考慮される事情とは、被害の内容や程度、加害行為の態様、当事者間の交渉経過、規制基準違反の有無、地域性、先住性、加害行為の公共性などである。

　Ⓒについては、財産的損害であれ精神的損害であれ、被害者自身に発生して

いることが必要である。したがって、現在の日本では、人に帰属しない環境や生態系それ自体に生ずる損害（純粋環境損害）については、損害賠償などによる民事上の救済がなされないことになる。

①について、原因と結果の事実的因果関係は、一般には「あれなければこれなし」の条件関係が成り立つことを高度の蓋然性で証明することが要求されるが、大気汚染や水質汚濁の原因物質と健康被害との関係を証明する方法として、集団を対象として疾病等の原因や発生条件を統計的に明らかにする疫学的手法が採用される場合がある（イタイイタイ病訴訟・富山地判昭和46年6月30日下民集22巻5=6号別冊1頁、コラム⑥も参照）。事実的因果関係が立証された場合に、判例は、加害行為から生じるのが社会通念上相当であると認められる範囲の損害が賠償されると判断してきた（大連判大正15年5月22日民集5巻386頁）。

損害賠償の方法は、金銭でなされるのが原則である（民法722条1項による417条の準用）。被害者は、損害賠償請求権を行使しないと、一定期間後にはその権利が消滅してしまうことにも留意する必要がある（民法724条、724条の2）。

(2)　公害・環境問題の原因者が複数いる場合

公害・環境問題の原因者が複数いるのであれば、それらの共同不法行為責任を追及することを考えたい。

コンビナートからの大気汚染について企業6社の共同不法行為責任が認められた四日市公害訴訟では、民法719条1項前段に基づく共同不法行為が成立するには、各人の行為が不法行為の要件をそなえていることと行為者の間に関連共同性があることが必要であるという前提で、「結果の発生に対して社会通念上全体として一個の行為と認められる程度の一体性」（弱い関連共同性）を超える「より緊密な一体性」（強い関連共同性）がある3社については、排出するばい煙が少量でそれ自体としては結果の発生との間に因果関係が存在しないとしても責任を免れないとされた（四日市公害訴訟・津地裁四日市支部判昭和47年7月24日判時672号30頁）。

その後、工場群のばい煙と道路を供用する自動車の排ガスによる都市型複合大気汚染に関する西淀川事件第一次訴訟において、裁判所は、社会的にみて一体性を有する強い関連共同性がある行為については民法719条1項前段の下で共同不法行為者各人が全損害について賠償責任を負うとする一方で、共同行為

者の間で行為の一部に参加しているという弱い関連共同性があるにすぎない場合には減免責の主張・立証が許されるとした（大阪地判平成 3 年 3 月29日判時1383号22頁、**コラム⑥**も参照）。後者の判断は、共同行為者のうちいずれの者が損害を加えたのか不明の場合についても共同不法行為として扱うとする民法719条 1 項後段が、因果関係の推定規定であるという理解に基づく。

　最近では、さまざまな建設現場で作業をする間に建材に含まれるアスベスト（石綿）に累積的に暴露して健康被害を受けた者が、国の責任および複数の石綿含有建材メーカーの共同不法行為責任を追及した訴訟において、最高裁は、「被害者によって特定された複数の行為者のほかに被害者の損害をそれのみで惹起し得る行為をした者が存在しないこと」が民法719条 1 項後段の適用要件であるため、本件に同項後段を直接適用することはできないとしたが、被害者保護の見地から同項後段を類推適用し、建材メーカーに対して集団的寄与度の範囲で連帯責任を課した（建設アスベスト訴訟・最判令和 3 年 5 月17日民集75巻 5 号1359頁）。

▶ 2　民事差止訴訟

　公害・環境問題の原因行為が継続している間は損害の発生も継続するのであるから、被害者としては、すでに生じた損害について賠償請求をするとともに、原因行為自体を止めさせたいと考えるのが当然だろう。これから損害を発生させるおそれのある行為についても、予防的に差し止めることができれば、損害の発生を食い止めることができる。

　裁判所は、被害者または被害者になりうる者が、Ⓐ自分の権利が侵害されていること、Ⓑ原因者の行為が被害を発生させていることやそのおそれがあること、Ⓒ被害が受忍限度を超えることを証明した場合に、差止めを命じてきた。

　Ⓐについて、裁判所は、人格権（生命・身体・健康・自由などの人格的諸利益の総称）や人格権の一種としての平穏生活権を差止めの法的根拠として認めてきたが、環境権（良好な環境を享受する権利）については、その主体や内容が不明確であることなどを理由に、一貫して否定してきた。もっとも、最高裁は、損害賠償に関する判断においてではあるが、従来は環境上の素材として考えられてきた「景観」について、「良好な景観に近接する地域内に居住し、その恵沢

を日常的に享受している者は、良好な景観が有する客観的な価値の侵害に対して密接な利害関係を有するものというべきであり、これらの者が有する良好な景観の恵沢を享受する利益」を法律上保護に値する利益であることを認めた（国立マンション景観訴訟・最判平成18年3月30日民集45巻4号653頁）。

　Bについては、予防的差止めの場合に、被害者になりうる者が被害発生の具体的可能性について相当程度の立証をすれば、あとは原因者となりうる者に反証を求めるなど、裁判所が被害者側の立証負担の軽減を図る場合がある。

　Cについて、1つの事件において差止めと損害賠償とで受忍限度の範囲内か否かの判断が異なることは多い。差止めの対象となる活動に高い公共性が認められるような場合、差止めの影響がより重視されるからである。

▶ 3　行政訴訟

(1) 抗告訴訟

　公害・環境問題を発生させる行為が行政による許可を前提としている場合、その許可を取り消すことができれば、その行為を終わらせることができる。

　行政事件訴訟法（行訴法）の下、取消しの対象となるのは行政庁の処分その他公権力の行使にあたる行為であり（行訴法3条2項）、許可は処分に該当する。取消訴訟を提起できるのは、原告適格を有する者、すなわち取消しを求めるにつき法律上の利益を有する者に限定される（行訴法9条1項）。判例によれば、法律上の利益を有する者とは、処分により自己の権利もしくは法律上保護された利益を侵害されるか侵害されるおそれのある者をいう（小田急高架化事業認可取消訴訟・最大判平成17年12月7日民集59巻10号2645頁）。その判断にあたっては、処分の根拠となる法令の規定の文言のみによるのではなく、当該法令の趣旨・目的と当該処分において考慮されるべき利益の内容・性質を考慮しなければならない（行訴法9条2項）。なお、取消訴訟は、処分があったことを知った日から6カ月、処分があった日から1年を超えると提起できなくなる（行訴法14条）。

　このように、取消訴訟において、裁判所は、受理した事件について訴訟ができるかどうかの判断を行ってから（要件審理）、原告の請求を認めるかどうかの判断を行う（本案審理）。本案審理において、裁判所は、行政庁の判断が裁量権の範囲を超えまたはその濫用があったと認定した場合に限って、その処分を取

り消すことができる（行訴法30条）。

　行政庁の公権力の行使に対して不服を申し立てる訴訟（抗告訴訟）の類型には、取消訴訟の他にも義務付け訴訟や差止訴訟などがある。義務付け訴訟とは、行政庁が一定の処分をすべきであるにもかかわらず処分がなされない場合に、行政庁がその処分をすべき旨を命ずることを求める訴訟である（行訴法3条6項）。たとえば、産業廃棄物処分場で廃棄物処理法に違反する産業廃棄物の処分が行われ、周辺地域に生活環境の保全上支障が生じている場合に、周辺住民が、同法に基づき処分場に対する支障除去の措置命令を出すよう都道府県知事に命ずることを求めて提訴することが考えられるし、実際にそのように義務づけた裁判例もある（福岡高判平成23年2月7日判時2122号45頁）。差止訴訟とは、一定の処分をすべきではないのにもかかわらず処分がされようとしている場合において、行政庁がその処分をしてはならない旨を命ずることを求める訴訟である（行訴法3条7項）。鞆の浦世界遺産訴訟では、景勝地として有名な入江を埋め立てて橋を架ける事業に関して、公有水面埋立法に基づいて都道府県知事が出す埋立免許の差止めが認められた（広島地判平成21年10月1日判時2060号3頁）。義務付け訴訟においても差止訴訟においても、本案審理に進むためには、原告は、原告適格を有することのほか、重大な損害が生ずるおそれがあること、損害を避けるため他に適当な方法がないことを主張・立証しなければならない（行訴法37条の2、37条の4）。

(2)　住民訴訟

　公害・環境問題が地方自治体の財務会計上の行為によって生じている場合には、地方自治法（地自法）に基づく住民訴訟によって、その是正を求めることも考えられる。当該地方自治体の住民であれば原告になれるという利点があるが、住民訴訟が提起できるのは、住民監査請求を行った結果、監査委員の監査の結果自体に不服があるか、監査の結果不正・違法な行為があったにもかかわらず必要な措置が講じられなかった場合に限られる（地自法242条の2第1項）。住民訴訟の種類には、差止訴訟（同項1号）、取消訴訟・無効確認訴訟（同項2号）、違法確認訴訟（同項3号）、損害賠償命令請求訴訟・不当利得返還命令請求訴訟（同項4号）がある。

(3) 国家賠償

① 規制権限の不行使による賠償責任

　公害・環境問題においては、その直接の原因者に対して規制権限を有する者がその権限を適切に行使していれば、被害の発生を防ぐことができるか、最小限にとどめることができる場合がある。国家賠償法1条1項は、国・公共団体の公権力の行使にあたる公務員が、その職務を行うについて、故意または過失によって違法に他人に損害を加えたときは、国・公共団体が賠償責任を負うとしている。水俣病関西訴訟において、最高裁は、国および熊本県が水俣病の原因企業の排水を規制せず、被害を拡大させたとして、両者の賠償責任を認めた（最判平成16年10月15日民集58巻7号1802頁）。

② 営造物責任

　国家賠償法2条1項は、公の営造物の設置・管理の瑕疵から生じた損害について、国・地方公共団体に賠償責任を負わせる。瑕疵とは、通常有すべき安全性を欠いていることであり、物が供用目的に沿って利用されることとの関連において周辺住民等に危害を生じさせる危険性がある場合をも含む（大阪空港訴訟・最大判昭和56年12月16日民集35巻10号1369頁）。

4　公害紛争処理制度

　「公害」（環境基本法2条3項）に係る紛争を裁判によらずに解決する方法として、公害紛争処理法に基づく公害紛争処理制度を利用することが考えられる。ただし、同法が対象とするのは、公害紛争のうち、損害賠償に関する紛争その他の民事上の紛争である（公害紛争処理法26条）。

　都道府県の公害審査会等は、あっせん、調停、仲裁という3種類の紛争処理手続を用意している。あっせんでは、あっせん委員が当事者間の自主的解決を援助・促進する目的で仲介し、紛争の解決を図る。調停では、調停委員会が当事者の間に介入して両者の話合いを積極的にリードし、双方の譲り合いに基づく合意によって紛争の解決を図る。仲裁では、当事者が裁判を受ける権利を放棄し、仲裁委員会の判断に従うと合意することによって紛争の解決を図る。

　大気汚染・水質汚濁により著しい被害が生じ、かつ被害が相当多数の者に及ぶかそのおそれのある重大事件、航空機騒音や新幹線騒音に係る広域処理事

件、複数の都道府県にまたがる事件の場合には、公害等調整委員会によるあっせん・調停・仲裁を利用することができる。また、公害等調整委員会に対しては、公害事件の規模を問わず、加害行為と被害との間の因果関係の存否に関する裁定（原因裁定）、損害賠償責任の有無に関する裁定（責任裁定）を申請することもできる（豊島事件について、**コラム⑩**を参照）。

5　被害者救済制度

　1で見たように、公害・環境問題の被害者が原因者に損害賠償を請求するには、通常の事件よりも事実的因果関係の立証などにおいて困難が大きいし、訴訟であれ公害紛争処理制度であれ、決着がつくまでには時間がかかる。健康被害を受けている被害者には早期の治療・療養の機会が与えられるべきであるし、健康状態が悪化して働けなくなると経済的にも困窮する。そこで、1973年、公害健康被害補償法（公健法）が制定された。同法は、1969年制定の「公害に係る健康被害の救済に関する特別措置法」とは異なり、公害原因者の民事責任を踏まえた損害賠償の性格を有するため、診療・治療にかかる費用のほか、障害の状態にあることによる損害等も塡補する。

　同法は、事業活動等に伴って相当範囲にわたる大気汚染が生じ、その影響により気管支ぜん息等の疾病が多発している地域を第一種地域として指定し、そこに一定期間以上居住・通勤し、気管支ぜん息等に罹患している者が公害病の認定を申請できるとしていた。しかし、1988年3月1日に全41地域の指定が解除されたため、それまでに認定された者に対する補償給付が継続されているのみである。その財源は、工場・事業場から硫黄酸化物の排出量に応じて徴収する汚染負荷量賦課金（8割）と自動車重量税（2割）からなる。また、水俣病、イタイイタイ病、慢性砒素中毒症が多発している地域を第二種地域として指定し（5カ所）、申請に基づき、その疾病が当該地域の水質汚濁等によるものであるという認定がなされた者に補償給付が行われる。その財源は、これら公害病の原因企業が負担する。ただし、水俣病とイタイイタイ病の認定患者は、一部の例外を除いて、原因企業との補償協定の下で原因企業から直接補償を受けている。

　その他の被害者救済制度としては、「水俣病被害者の救済及び水俣病問題の

解決に関する特別措置法」（2009年）の下で水俣病未認定患者のうち一定の条件を満たす者を対象とした水俣病被害者救済制度、「石綿による健康被害の救済に関する法律」（2006年）の下で職業被ばくによらずに石綿関連疾病を発症した者を対象とする石綿健康被害救済制度などがある。

まとめてみよう
・予防的差止めにおいて原告の立証負担を軽減することを正当化できる理由を、予防原則（Part3の13を参照）の観点から説明してみよう。
・操業するためには行政の許可を得ることが前提である民営のごみ焼却場が公害の発生源である場合、その操業を裁判によって止める方法について説明してみよう。

考えてみよう
・生態系そのものの破壊のような、人に帰属しない環境の損害について民事上の責任を問うためには、どのような制度設計が望ましいだろうか。
・2020年中に公害等調整委員会が受け付けた公害紛争は14件、都道府県公害審査会等については40件だった。公害紛争処理制度がより活用されるには、どう改革したらよいだろうか。

〈参考文献・資料〉

①大塚直『環境法BASIC〔第3版〕』（有斐閣、2021年）

環境法のテキスト。BASICというタイトルだが、これ一冊で環境法を広く深く学習することができる。最新の公害・環境訴訟の動向もカバーしている。

②越智敏裕『環境訴訟法〔第2版〕』（日本評論社、2020年）

大学教員であり弁護士である著者による環境法のテキスト。環境訴訟を実践的な観点から学習することができる。

③日本弁護士連合会公害対策・環境保全委員会編『公害・環境訴訟と弁護士の挑戦』（法律文化社、2010年）

弁護士が公害・環境問題にどのように取り組んできたのか、公害・環境訴訟が法理論にどのような影響を与えたのかを知ることができる良書。

④宮本憲一『戦後日本公害史論』（岩波書店、2014年）

公害がなぜ起こるのか、公害裁判の意義と到達点、公害健康被害補償制度の成立と課題など、日本の公害の歴史的教訓を学ぶために最適の書。

コラム⑨　カネミ油症事件

ニワトリからはじまった

　カネミ油症は、食品公害といわれながら国から「公害病」と指定されず、補償制度も構築されないまま50年以上がすぎた未解決の食中毒事件である。1968年2月から3月にかけて、カネミ倉庫株式会社（以下、カネミ倉庫）の「ダーク油」製造の飼料により約40万羽のニワトリが死んだ。「ダーク油」はカネミ倉庫の米ぬか油と同じ工程で作られていた。約半年後、福岡県や長崎県で腰痛や身体中の吹き出物、手足の痺れを訴える人々がでてきた。1968年10月、1人の患者が保健所に米ぬか油を持参し症状を訴えた。その結果、福岡県衛生部が動き出し、同月10日、朝日新聞西部本社夕刊で「正体不明の奇病が続出」と初めて報道され、社会問題化した。その後、約1万4000人がカネミ油を食したと保健所に届け出た。カネミ倉庫製の米ぬか油が原因とされたためカネミ油症（以下、油症）と呼ばれ現在に至る。

　原因物質は、米ぬか油の製造工程で混入したPCBおよびダイオキシン類であった。事件発生当時の主な症状は皮膚症状が中心だったが、それは初期症状にすぎず、内臓疾患から全身病へと油症の病像は多層的だった。さらに多くのガンも併発する。自覚症状は、頭痛、腰痛、関節痛などとともに、めまい、たちくらみ、しびれ、腹痛、下痢、不眠、いらいら、食欲不振、倦怠感などが挙げられる（参考文献・資料①）。油症が「病気のデパート」と呼ばれるゆえんである。

　これらの健康被害は、日常生活における動作の困難さや、家族間役割の変化による関係の悪化をもたらすこともある。たとえば父親が働けなくなり、母親が外にでて働くようになる、あるいは家事全般を引き受けていた母親が、体がつらくなりそれらができなくなることで、他の家族に新たな負担がもたらされる。その負担がかえって家族の絆を強めることもある。しかし、家族間役割の変化が生活

設計や将来設計の変更を余儀なくさせたとき、家族の関係が悪化する場合もある。また収入の減少や通院による支出の増大などもひきおこされる。そしてその病像の多層性から「周囲の無理解」をひきだし、場合によっては患者に「社会的疎外」を生じさせ、「精神的被害」をももたらす。被害は構造化されているのである。

裁判・支援、そして政策

　油症患者たちは、多様な症状に悩まされながらも各地で被害者団体を設立した。ほぼ同時に各地で被害者を守る支援団体も設立された。1969年2月、被害者たちははじめて福岡民事訴訟をおこした。1970年11月には全国統一民事訴訟として北九州市を中心とする300人の患者たちが原告となった。患者すべてが訴訟をしたわけではなく、訴訟派と示談派とに分かれた地域もあった。

　当時訴訟を提起した患者はすべて医学的に油症患者として認められた人々であった。油症認定患者は水俣病認定患者と違い、補償体制はなく、医療費はカネミ倉庫から限られた形でしか支払われていなかった。そのカネミ倉庫からの医療費支払いも滞るようになり、油症患者たちは訴訟を提起せざるをえなかった。

　1984年3月の控訴審判決で、原告は勝訴した。被告の国は約25億円、同じくPCBの製造元である鐘淵化学工業株式会社（のちの株式会社カネカ）は約31億円を一陣原告に仮払いした。また1985年2月の地裁判決も原告は勝訴し、国が約2億円、鐘淵化学工業株式会社が約3億5000万円を仮払いすることとなった。最終的に1987年3月、各原告団はすべて和解受諾を決定した。国も同年、同意書を最高裁に提出し、1989年3月に訴訟関係は一段落した。その7年後の1996年3月に国は各地の裁判所に先の判決で発生した仮払金の返還を求める調停を申し立てた。ほぼ調停で解決

を図ることとなり、1999年に対象者全員の調停が終了した。しかし、仮払金の返還が免除されるということではなく、その問題は解決したとはいえなかった。

他方、支援の動きとして、2002年、廃棄物焼却の際問題となっていたダイオキシン問題を契機に「カネミ油症被害者支援センター」（以下、YSC）が東京に設立された。YSCの目的は患者の救済だが、その方法は訴訟中心ではなく救済制度・政策の構築に重きを置いていた。東京に事務局がある利点を生かし、政策主体への直接的な働きかけを行ったのである。同時に各地にちらばる患者たちへの接触を試み、掘り起こしや聞き書きなどの活動を続けた。このYSCの支えのもと、2004年患者たちはカネミ倉庫、カネカ、国を被申し立て人として日弁連に人権救済申し立てを行った。

患者・支援者たちの活発な運動のもと、2007年6月に「カネミ油症事件関係仮払金返還債権の免除についての特例に関する法律」が制定された。これによりほとんどの患者が仮払金の返還を免れた。ただし、仮払金問題は訴訟を経由した追加的な被害を意味する。患者への生活補償や医療補償、さらに未認定患者の問題など救済制度の構築は依然として残された課題であった。

国はその後2008年に認定患者に対する健康実態調査を実施し、その回答者に協力金20万円を支払うこととした。2012年には「カネミ油症患者に関する施策の総合的な推進に関する法律」（以下、推進法）が成立した。これに関連して未認定患者対策として診断基準の変更があった。事件当時、認定患者と同居して汚染油を食した人は認定されるようになった。この法律の改定前は1966人だった認定患者が、2021年3月31日現在2353人となった。うち333人が診断基準変更後のいわゆる「同居認定」患者である。

推進法は確かに、診断基準の変更、カネミ倉庫が発行する油症患者受療券が使用できる医療機関の拡大、毎年実施される健康調査への参加協力金（19万円）などを確立した。しかし、その対象はすべて認定患者である。また三者協議（カネミ倉庫、国、患者）が年に2回開催されているが、必ずしも未認定患者を含む患者にとって効果的な政策に結びついているわけではない。

台湾での油症事件

1979年に同様の工程で起きた台湾油症事件では、日本の推進法制定の3年後にケア法（中文で油症患者健康照護服務条例）が制定された。こちらは差別に関する罰則規定や死亡時の弔意金など、より具体的な「患者に対するケア法」になっており、日本の「施策の総合的な推進」ではなく、「油症患者の健康を保護する」内容で、患者1世とその子世代にあたる2世も条文にて定義されている（参考文献・資料②）。

重金属を主たる原因とした公害とは違い、化学物質を原因とする油症は消費財である「油」を介した食中毒事件である。地域性をもたず、わたしたちにとって実に身近な問題でもある。にもかかわらず救済制度構築が50年以上たつ現在でも進行中である。油症は身体的被害が世代を超えて引き継がれている「公害」であり、四大公害とは違う側面をもった人類初の「公害病」である。

〈参考文献・資料〉
①原田正純『油症は病気のデパート』（アットワークス、2010年）
　　推進法制定前の著書だが、意見書や油症患者の声、関連年表など、短いながらもカネミ油症事件の全体像がわかる本。
②堀田恭子「台湾油症政策における『被害』の捉え方」環境と公害47巻1号（2017年）
　　カネミ油症事件の9年後に起きた台湾油症政策において「被害」がどう語られているかを明らかにした論文。日本の油症の救済制度を考える際に参考になる。

［堀田恭子］

コラム⑩　豊島事件（公害調停）

許可された不法投棄

　豊島（てしま）は、瀬戸内海に浮かぶ香川県の島のひとつである。船で20分ほどの東隣には観光地として知られる小豆島（しょうどしま）があり、同じ土庄町（とのしょうちょう）に属する。1970年代、この島で産業廃棄物を処理する事業計画が持ち上がった。住民の激しい反対運動があり、処理場の建設差止訴訟も提起された。結局、事業者は、産廃である製紙汚泥・食品汚泥・木くず・家畜のふんを持ち込んでミミズに食べさせ土壌改良剤を作る、という内容に計画を変更し、1978年に香川県知事の許可を得た。訴訟を起こしていた住民らとも条件付きで和解した。

　ところが、事業者は、1980年にはラガーロープ（金属と紙などが絡み合う状態で圧縮された網状の廃棄物）を持ち込むようになり、1983年頃にはミミズ養殖をやめ、代わりに、自動車等の破砕くずであるシュレッダーダスト（プラスチックやゴムが入り混じっている）・汚泥・廃油・タイヤ・鉱滓・毒物表示のある液体・廃酸・プリント基盤等の雑多な産廃を大量に搬入して連日野焼きした。想定総重量51万トン以上の燃え殻（鉛・カドミウム・水銀・砒素・PCB・有機塩素系化合物等の有害物質によって汚染されていた）を野積みし、あるいは埋め立てた。周辺にはばい煙と共に強烈な悪臭が立ち込め、風向きによっては島内全土を覆った。海は流出した廃棄物で汚染された。住民の悲痛な叫びも空しく、この違法行為は、1990年に兵庫県警が廃棄物処理法違反容疑で摘発するまで続けられた。

　その間、香川県庁は、汚染防止を命ずるどころか、なんと「土壌改良剤」事業の許可を更新し続けた。1〜2カ月に一度の立入検査を行っており、豊島の惨状を知らなかったわけではない。しかし、シュレッダーダストを排出者から購入し資源化しているという事業者の説明を鵜呑みにし（実際にはこの事業者は購入代金を上回る運搬料を排出者から受け

取っていた）、金属を回収するためだという違法な野焼きに対しても、行政指導を繰り返すばかりであった。事業者が粗野な性格であり、かつて許可を拒んだ県職員に暴行を働いたこともあったため、強い態度に出られなかったともいわれる。

島の人々の闘い

　警察の強制捜査をきっかけに、事業は停止した。香川県庁もその翌月には許可を取消し廃棄物の撤去を命じた。しかし、島に残された膨大かつ有害な廃棄物が、簡単に片付くはずもない。豊島住民の闘いは、環境法の観点からするとここからが正念場であった。

　摘発された処理事業者が単独で背負いきれる規模のものではない（1997年に破産宣告）。1993年末、住民549名は香川県知事に対し公害調停を申し立てた。これは、香川県庁の責任や処理を委託した排出事業者の責任をも追及し、損害賠償と廃棄物の撤去を求めるものであった。県境を越えた事件の取扱い手続を経て、本件は国の公害等調整委員会（公調委）が担当することとなった。

　公害調停では、民事訴訟に比べて低廉な費用で、専門家の鑑定に基づいて公害紛争の解決を目指すことができる。申立てた側と申立てられた側の合意を目指す手続であり、裁判のような強制力はないものの、県庁のようにアカウンタビリティをなおざりにできない公共団体との協議には、大いに期待できる（ここでは香川県を相手方とする調停を中心に紹介する）。また、公害状況の鑑定費用が公費負担となっている点は重要である。水俣病もそうであったように、公害被害が現に存在することを明確にするのには、時に大変な困難が伴う。

　実際、兵庫県警の突入後早々に「土壌改良剤」事業に対する認識と態度を翻した香川県庁であったが、早々に現地の安全宣言を出して事件の幕引きを図り、第1回調停では自ら

の責任を全面否定していた。しかし、1995年、公調委の職権調査により被害状況が明るみに出ると、県の立場は大きく揺さぶられることになる。1997年に成立した「中間合意」の冒頭には、香川県庁の責任が明記された。被害状況調査には2億3600万円にも上る公費が投入されていた。

中間合意に基づき香川県庁に技術検討委員会が設置され、膨大な量の有害廃棄物を適切に処理する方法が検討された結果、豊島の西隣に位置する直島に中間処理施設を建設し、県の責任において焼却・溶融処理をするということで最終的な調停が成立した(2000年6月。実に37回目の調停期日)。香川県知事は担当職員2名を処分し、豊島を訪れてついに謝罪した。住民側は香川県に対する損害賠償請求権を放棄。2003年には国が「特定産業廃棄物に起因する支障の除去等に関する特別措置法」(産廃特措法)を制定し香川県庁を財政面から支援した。

2017年3月、豊島から直島に向けて最後の廃棄物が搬出された。最終的な処理量は91万トンを超えた。フォローアップの過程では汚染された地下水の浄化も懸案となり、処理事業費は2018年3月時点の計算(産廃特措法に基づく処理実施計画)で562億9000万円に上った。中間処理施設の建設費なども入れた総額は757億円とも報道されている。

責任を放棄し、発覚後も容易には過ちを認めようとしなかった香川県庁の悪質性が際立って伝わったかもしれない。しかし、香川県が事業者と(消極的にではあるにせよ)連携して不法投棄を促進した特殊事例であるかのようにみるべきではない。香川県は、香川県民の民主的なコントロールの下で運営される公共団体であり、善良で有能であるはずの職員、議員、知事の下でこの無責任な事態が生じた。ただ、無責任であった。

〈参考文献・資料〉
①ウェブサイト「豊島・島の学校 豊かな島と海を次の世代へ」http://www.teshima-school.jp/
　公害調停に関わった住民と弁護団が立ち上げたNPO法人オリーブ基金が運営するサイト。豊島事件の歴史的意義をわかりやすく語っている。
②佐藤雄也・六車明(聞き手:田中紀彦・近藤紗世)「元公害等調整委員会審査官が語る『豊島産業廃棄物不法投棄事件』」ちょうせい100号(2020年)
　公調委の機関紙に載った振り返り記事(公調委のウェブサイトで閲覧できる)。公害調停の実践的な話題を座談会形式で取り上げている。中間合意の文書も採録。
③中坊公平「産業廃棄物の不法投棄・豊島事件」『私の事件簿』(集英社、2000年)
　豊島の闘いを牽引した弁護士の手記。住民にも闘いの覚悟を求め、結束させ、ついに公害調停を成立させた。

[原島良成]

環境問題への対応(2)

▶環境リスクの評価・管理

　健康被害や環境損害はそれが生じてから事後的に対応するのでは遅いのであり、被害が生じないように事前に対策を講じる必要がある。Part3 では、この点について考える。一般に、被害を未然に防止するためには、原因を特定し、安全を確保しうる基準を定め、調査・審査する方法がとられる。しかし、環境リスクが問題となる時には、原因やリスクの程度が明確でなく科学的不確実性があるものの、被害が深刻化してからではもはや手遅れとなりうる場合がある。13では、科学的な根拠に不確実性がある段階で何らかの対策を講じるべきとする「予防原則」の考え方を取り上げる。

　Part2 で取り上げた汚染対策も未然防止の法制度といえるが、Part3 では、まず、14で、化学物質によるリスクを防ぐための法制度を取り上げる。たとえば、新しい化学物質を使用するには必ず審査が必要とされている。他方で、シックハウス症候群のように、使用が認められている化学物質であっても人によっては影響を受ける場合があり、このような新しい問題にも目を向ける。そして、15では、原子力発電に関する法制度を取り上げる。原子力発電所が事故を起こさないように、十分な安全性を確保するための事前規制の法制度、事故が起きた場合に被害者によって提起される訴訟、そして高レベル放射性廃棄物の処理に関する問題について考える。

　環境に著しい影響を及ぼすおそれのある大規模な開発行為などについては、事業を開始する前に、環境影響を低減するための方策を検討しておくことが望ましい。16では、そのために、環境への影響を事前に調査・予測・評価し、その結果を意思決定に反映させる制度である「環境影響評価」について取り上げる。

［久保はるか］

予防原則・予防的アプローチ

［赤渕芳宏］

 ## 1　環境問題は、よくわからないことがまだ多い

　人の活動によって、環境の状態が望ましくないように変化し、さらにそうした環境の状態の変化が人や生態系に望ましくない影響を与えることがある。こうした変化または影響が生じている（またはそのおそれがある）状況を、環境問題と呼ぶとしよう。

　環境問題としてどのような悪影響が生じるか、またそれがなぜ生じるかを明らかにすることは、もっぱら自然現象を対象とする自然科学（以下では単に「科学」とする）に期待される。では、科学によってそのすべてが（ある程度の確からしさをもって）明らかにされている環境問題は、どのくらいあるだろうか。

　たとえば、二酸化炭素などの温室効果ガスの人為的な排出により、気候変動（地球温暖化）が生じていることは、科学的に高い確実性をもって明らかにされている。だが、それによってどの程度の温度上昇がもたらされるかについては、いくつかの点が科学的にまだ十分に明らかにされていないといわれている（Part1の1・2を参照）。

　また、社会においてまだ実際に用いられていない科学技術や物について、それらを用いることによって得られるメリットは、あらかじめある程度明らかにされている一方で、そうしたものを用いることによって生じるデメリット（たとえば、人の健康や生態系への悪影響）は、科学的にあまりよくわかっていない（まま用いられている）ことが少なくない。具体的に、Part1の3で取り上げられたオゾン層破壊物質（冷蔵庫やエアコンの冷媒、半導体や精密機械の洗浄剤などとして用いられてきた）は、現在でこそそれらのオゾン層破壊効果が科学的に明らかになっている。しかし、それらが製造され、使用されてからしばらくの間は、それらが大気中に排出されることによってオゾン層が破壊されることは、ほとんど知られていなかった（温室効果ガスの一部についても同じことがいえよう）。また、**コラム③**で取り上げられた遺伝子組換え技術は、それを用いて生産される

農作物（植物）が、従来の農作物よりもいくつかの点で優れている（除草剤耐性や害虫抵抗性が高い、栄養価が高いなど）とされる一方で、それを食べる人の健康への悪影響（これは食品安全の問題であるが）や、生態系への悪影響をめぐっては、現在でもなお、議論と研究とが続けられている。

　このように、環境問題をめぐっては、①何が原因でそうした問題が生じているのかがまだよくわからない場合、あるいは、②何が原因かについてはある程度はわかっているが、その原因からどのようにして（どのような過程を経て）そうした問題が生じているのかが科学的にまだよくわからない場合が、数多く存在している。環境問題のほとんどがそうである、といってもよいくらいである。

▶ 2　なぜ予防原則か

　もし、ある環境問題について、その原因が何か、またその原因から（結果としての）問題が生じるまでの過程がどのようであるかがわかっていれば、そうした問題に対する対策を考えるのは、それほど難しくはないかもしれない。

　たとえば、ある地域の住民の多くに、同じような健康被害が生じており、①こうした健康被害が、人の健康被害を生じさせることが科学的に知られているＡという化学物質の摂取によるものであること、②この地域の付近を流れる河川の上流にある工場が、Ａを含んだ水をその河川に排出していること、③健康被害が生じた住民が、いずれもこの河川で獲れる魚を数多く食べていたことが、いずれも明らかであるといった場合を想定しよう。この問題（この地域における、魚介類を介したＡの摂取による健康被害）が今後さらに悪化することを防ぐためには、上記の工場からのＡの排出を中止させることが考えられよう。また、これと同様の問題（魚介類を介した化学物質の摂取による健康被害）が今後ふたたび生じることを未然に防ぐためには、健康被害を生じさせるおそれのある化学物質の河川への排出を制限することが考えられるだろう。

　このような排出の中止や制限といった対策（これは、私人の活動に制約を課するものであり、政府が行う場合には、法律や条例の根拠を必要とする）に対しては、対象となる工場などから反対の声が上がるかもしれない。だが、そのような場合には、人の健康を保護するためになぜそのような中止や制限が必要なのか

を、すでに得られている科学的根拠に基づいて反論することができるだろう。

　では、先に述べたような、科学的にまだよくわからない環境問題のときは、どうだろうか。

　上記のような健康被害が生じている事例において、その原因となる化学物質が何かがよくわからない、あるいは、そのような健康被害を引き起こす化学物質についてはおおよそわかっているが、それがどこから発生し、どのような過程を経て健康被害を生じさせているのかがわからない、といったような場合、最適な対策を示すのは難しくなるであろう。仮にこうした場合において、上記のように、特定の化学物質の河川への排出を中止・制限するときには、やはり対象となる工場などから反対の声が上がるかもしれない。このとき、そのような中止や制限が必要である旨の反論を行おうとしても、そうした措置の裏づけとなる確たる科学的根拠は見当たらない。このため、そうした反論は、その限りにおいて説得力の削がれたものとなってしまうであろう。

　こうした、科学的によくわかっていない環境問題に対して、政府は、いかなる時点（タイミング）で対策を講じればよいだろうか。これには、大別して次の２つのことが考えられる。第１に、現時点ではまだよくわかっていないことから何もせず、よりよく明らかになった時点で対策を講じる（か否かを判断する）こととする、というものである。第２に、現時点ではまだよくわかっていないが、現時点で講じることのできる何らかの対策を講じる、というものである。

　このうち、第１の考えは、現時点よりも後の時点においてなされる判断が、より十分な科学的裏づけをもってなされる（科学的合理性の高い判断がなされる）こととなる点がメリットである。もっとも、そうした時点がいつになるか（さらにいえば、そうした時点がはたしてやってくるのか）は、現時点では見通すことが難しい。それはもっぱら科学的な調査や研究がうまく進むかに依存する。この間、対策は何も講じられないのであるから、人の健康や生態系への悪影響が深刻化していき、ようやく原因や発生過程が科学的にある程度の確からしさをもって明らかになった時には、有効な対策を講じるにはもはや手遅れ（つまり、対策を講じるタイミングが遅すぎる）というべき状況に至ってしまっている——といったことは、十分に考えられる。こうした点が、この考えのデメリットである。気候変動、あるいは発生してからしばらくの段階における水俣病などを

思い起こすとき、このようなデメリットは深刻であるといえるだろう。

　他方で、第2の考えは、先に示した具体例でも指摘したように、現時点で講じられる対策は、科学的に十分な根拠に基づいてなされるものではなく、特にそうした対策によって自らの活動に制約が課せられる者から示される〈なぜそのような対策を講じなければならないのか〉といった疑問（反論）に対して、より多くの説明を必要とすることとなる。また、このような対策が、後々になって〈実は科学的には誤りであった〉ことが明らかになる、といった可能性も否定できない（なお、こうした可能性について考えるときには、仮に〈科学的に誤りであった〉ときにはどのような悪影響が生じるのかについても、あわせて考える必要がある）。第2の考えには、このようなデメリットがある。

　しかし、第2の考えに従えば、人の健康や生態系への悪影響が生じるおそれに対して、より早い時点で対策が講じられることとなる。このため、（第1の考えで指摘されるような）悪影響が深刻化してもはや手遅れといった状況に陥る可能性は、その分低くなる。人の健康への悪影響（健康被害）が生じた場合、元に回復するのには多くの費用（ここでは、時間や精神的な負担をも含めて考えよう）を要するし、悪影響の種類や程度によっては不可能なこともある（こうしたことのほうが多いだろう）。いわんや、生命が失われたときにはそれを回復することは不可能である。また生態系への悪影響は、そもそも人がそれを確知することは難しく、明らかになったときにはすでに悪影響が深刻化しているといったことが少なくない。絶滅した動植物種を元に回復することは、現在ではいまだ不可能というべきであろうし、絶滅のおそれのある動植物種の保存には多くの費用が伴う。

　以上にみたような、2つの考えのメリットとデメリットに照らせば、人の健康や生態系の保護をねらいとする政策の基礎には、第2の考えが据えられることが望ましいであろう。これは、現在に至るまでに、日本を含む世界各国が経験してきた（している）さまざまな環境問題から得られた教訓でもある（参考文献・資料①を参照）。また、こうした考えは、持続可能な発展といった環境法の基本理念（環境基本法4条も参照）からも要請されるといえるだろう。

　そして、この第2の考えこそが、本章のテーマである予防原則・予防的アプローチ（以下では単に「予防原則」とする）を、端的に言い表したものである。

▶ 3 予防原則の定義

　もし、試験で「予防原則の定義を書け」といった問題が出されたら、どのように答えればよいだろうか。

　これは、実はなかなか難しい問いである。予防原則は、さまざまな条約や政策文書において定義されているが（参考文献・資料②③を参照）、それらは、どのような文脈において、どのような環境問題を念頭において設けられたかによって、さまざまであるからである。このため、ここではさしあたり、互いにやや異なる、代表的な2つを示しておくことにしよう。

　ひとつは、1992年の「環境と開発に関する国際連合会議」において採択されたリオ宣言の第15原則にいう、「深刻なあるいは回復不可能な損害のおそれ（threats）がある場合には、完全な科学的確実性の欠如が、環境の悪化を防止するための費用対効果の大きな（cost-effective）措置を遅らせる理由として用いられてはならない」というものである。

　もうひとつは、「人の健康および生態系に係るリスクの存在または程度について不確実性がある場合、政府は、かかるリスクの現実性および重大性が完全に明らかになるまで待つことなく、保護的措置を講ずることができる」というものである。これは、欧州司法裁判所が1998年に下した狂牛病事件判決における判示を、わずかに修正したものである。

　さて、これらをはじめ、予防原則の定義すべてに共通することは、予防原則は、人の健康リスクや生態リスクに〈科学的不確実性〉がある場合に適用される、ということである。では、予防原則の適用要件であるところの科学的不確実性とは何だろうか。予防原則を採用する条約や政策文書のほとんどは、科学的不確実性がどのような状態を指すのかについて説明していない。欧州での議論などを手がかりにすると、科学的不確実性とは、〈科学的データがない、あるいは十分でないことにより、リスク評価を行う者の間で、リスク評価の結論についての合意が形成されていない状態〉をいうものと解することができる。

4　日本における予防原則

　日本の法令において、予防原則はどこにみつけることができるだろうか。

(1)　総則的な規定をおくもの

　環境基本法（コラム⑤を参照）のなかで関連する規定は 4 条である。もっともそこでは「科学的知見の充実の下に環境の保全上の支障が未然に防がれること」と定められている。立案担当者は、同条に予防原則の趣旨が含まれていると解釈しているようである。だが、文言を素直に読むかぎりは、こうした解釈はただちには出てこず、説明としては少し苦しい（参考文献・資料④）。

　これに対し、（法令ではないが）環境基本計画（環境基本法15条）をみると、1994年の第 1 次計画から予防原則に相当する考えが採用されている。これは2006年の第 3 次計画で「予防的な取組方法」と呼ばれるようになり、以降、日本の政府が予防原則を言い表すときには、この「予防的な取組方法」の語が用いられている。

　国の法律では、2008年に制定された生物多様性基本法（Part1 の5を参照）が、その 3 条 3 項において「予防的な取組方法」との文言をおき、生物多様性保全の分野において先んじて予防原則を明文化した（同法が議員立法によるものであることが、このような思い切った規定ぶりを可能にしたとの見方もある）。

　地方公共団体の条例の中では、山形県遊佐町の「遊佐町の健全な水循環を保全するための条例」（2013年）が注目される。同条例は、「予防原則」につき「健全な水循環に、長期にわたり極めて深刻な影響又は回復困難な影響をもたらすおそれがある場合においては、科学的証拠が欠如していることをもって対策を遅らせる理由とはせず、その原因となる行為や将来の影響について、科学的知見の充実に努めながら、必要に応じて予防的な対策を講ずる原則」と定義し（ 3 条 4 号）、「地下水脈は、現代の科学においてその全容を解明することは困難であり、一旦損傷した場合の復旧が不可能又は極めて困難であることに鑑み、その保全を図る施策は、予防原則に基づくものでなければならない」との規定をおいている（ 2 条 2 項）。

⑵　各論において予防原則に基づいた法制度をおくもの

　ある環境問題につき科学的によくわかっていない時点において、こうした問題への対策として何らかの措置を講じる制度が法令によって設けられているとき、こうした法制度は——予防原則の語が法令に明記されていなくても、あるいは、日本において予防原則の概念が定着する1990年代よりも前に設けられたものであっても——予防原則に基づくものとみることができる。

　たとえば、気候変動問題を依然として科学的不確実性を伴うものとみるとき、「地球温暖化対策の推進に関する法律」（地球温暖化対策推進法）に基づく、温室効果ガスの排出量の算定・報告・公表制度（26条〜29条）には、予防原則の考えが表れていると解されるだろう。ただし、ここでは、問題の原因者として取り上げられる「特定排出者」（26条1項）に対する措置は、自らが排出した温室効果ガスの排出量の把握と事業所管大臣への報告のみであり（26条1項）、問題の原因となる温室効果ガスの排出の削減などが法令上求められているわけではない。

　このほか、化学物質の使用に伴う環境問題について、「化学物質の審査及び製造等の規制に関する法律」に基づく、日本で新たに製造・輸入される化学物質（新規化学物質）の事前審査制度（Part3の14を参照）も、同じように解されている。ここでは、新規化学物質が有害であるか否かが行政機関によって判定されるまで、製造・輸入を禁止する措置が講じられるのであり、〈新規化学物質が有害であるか否かがよくわからない〉というのが、予防原則の適用要件たる科学的不確実性の1つであると説明される。これと同様の発想に基づく法制度は、「遺伝子組換え生物等の使用等の規制による生物の多様性の確保に関する法律」にもみることができる（「第1種使用等」に関する4条〜11条を参照）。

5　予防原則についての留意点

　予防原則について論じるときに気をつけるべき、いくつかの点を指摘しよう。

　第1に、多くの場合において、予防原則により、特定の結論が一義的に導き出されることはない、ということである。予防原則を適用することによって、科学的不確実性を伴う環境問題に対するいかなる対策が講じられるべきかは、

対象となる環境問題（人の健康や生態系への悪影響）およびそこでの科学的不確実性の程度や性質などによって異なりうる。講じられるべき対策の法的妥当性は、それが目的を達成するための手段として均衡のとれたものか、といった見地（比例原則）からの統制が及ぶものと解されている。

　このことから派生して、第2に、予防原則をめぐっては、環境問題を発生・悪化させるおそれのある活動を絶対的に禁止する（そして、その活動が安全であることを証明するよう、その活動をしようとする者に要求する）、といった極端な結論をただちに導くものだとする見解が時折みられるが、これは適切ではない。

　第3に、予防原則は、不安や恐怖心に基づく規制を正当化するものだ、といった主張（批判）が、やはり時折みられるが、これも予防原則の理解としては適切とはいえない。「予防原則の適用は無限定ではなく、その適用には科学的判断が先行する」（参考文献・資料②）のである（先に示した、予防原則の適用要件たる科学的不確実性の定義も参考にしてほしい）。このとき、続けて問題となるのは〈予防原則の適用に先行する科学的判断とはいかなるものであるべきか〉である。これについては、一方でそれは〈科学的〉とは呼べないようないい加減なものであってはならず、他方で〈科学的であること〉を過度に要求することによって予防原則に基づく措置を講じる時期がいたずらに遅れるようなことがあってもならないのであり、これらの要請の間における難しい見きわめが求められることとなる。

　第4に、予防原則に基づく措置は、事後の科学的知見の進展に開かれたものである。すなわち、ある措置が講じられた後に、対象とする環境問題が科学的によりよくわかるようになれば、かかる措置が依然として妥当なのか否かが見直され、もし妥当でないと判断されるときには、最新の科学的知見に基づいて改めて措置が講じられることとなる。

参考文献・資料

①欧州環境庁編（松崎早苗ほか訳）『レイト・レッスンズ―14の事例から学ぶ予防原則』
（七つ森書館、2005年）

　　環境政策においてなぜ予防原則が求められるのか、世界各地からの「遅い教訓」を
集めた1冊。英語版では続巻 "Late lessons from early warnings: science, precau-
tion, innovation" が2013年に公表されており、水俣病、福島原発事故が取り上げられ
ている。

②畠山武道『環境リスクと予防原則Ⅱ―予防原則論争〔アメリカ環境法入門2〕』（信山
社、2019年）

　　予防原則をめぐって現在どのような議論が展開されているかを、アメリカ法学説を
中心に広く深く論じた本。「入門」を謳い記述は平易だが、学術的水準は極めて高い。
シリーズ前書の『環境リスクと予防原則Ⅰ―リスク評価』（2016年）もあわせて読み
たい。

③高村ゆかり「国際環境法におけるリスクと予防原則」思想963号（2004年）

　　予防原則の規範化は国際条約において先行する。そこでは予防原則がどのように採
用されており、同原則をめぐって国際法学上どのような課題があるかを論じる。

④大塚直「未然防止原則、予防原則・予防的アプローチ(2)」法学教室285号（2004年）

　　予防原則に関するさまざまな論点を網羅的に取り上げ、国内法（日本法および外国
法）を中心に国際法にも及びつつ論じる。法学教室284号から開始される連載を最初
から読み、最近の議論は大塚直『環境法〔第4版〕』（有斐閣、2020年）でフォローし
よう。

━・

コラム⑪　SPS 協定と予防原則

SPS 協定とは何か

　国内の人や動植物の生命・健康を守るためには、有害な動植物や食品・飼料が、貿易を通じて国内に入ってこないよう、水際で措置をとることも必要となりうる。たとえば、国内には存在しない病害虫が農産品に付着している可能性があったり、人体にリスクのある物質が食品に含まれているといった場合には、それらの輸入に際して何か条件を課したり（例：消毒）、輸入自体を禁止するといった措置をとることが考えられる。一般にこうした措置は、衛生植物検疫措置（SPS 措置：Sanitary and Phytosanitary Measures）と呼ばれている。

　国際社会が推し進めている貿易の自由化の観点からは、このような措置が国内産業（例：農業）を保護するための口実として濫用される可能性などが危惧される。そのため、国際条約である「SPS 措置の適用に関する協定（SPS 協定）」（1995年）において、自由貿易とのバランスを図るための国際規則が合意されている。

　SPS 協定は各加盟国が SPS 措置をとる権利を認めているが（2 条 1 項）、いくつかの条件を定めている。そのうち本コラムとの関係で特に重要なのは、SPS 措置は科学的な原則に基づいて採用されねばならず、また、後述する 5 条 7 項に基づく措置の場合を除いて、十分な科学的証拠がなければ維持できないという点である（2 条 2 項）。具体的には、加盟国が SPS 措置を導入するにあたっては、リスクの科学的な評価（危険性評価）を実施し、措置がない場合にいかなる悪影響が発生しうるかを検討しなければならない（5 条 1 項）。そうした評価に基づき、自国で受け入れることができるリスクの水準（適切な保護の水準）を決定し、この水準の達成という観点から SPS 措置を採用することが求められている（たとえば食品中の有害物質の基準値などについて、関連の国際基準が存在す

る場合には、それに基づいた措置の採用が求められるが（3 条 1 項）、自国が決定した「適切な保護の水準」の達成に不十分であれば、それより厳格な措置をとることが認められている（3 条 3 項））。

　このように SPS 協定は、個々の加盟国に SPS 措置をとる権利を認める一方で、保護主義的な目的でこうした措置が濫用されることを防ぐため、当該措置に科学的な根拠を厳しく要求している点に特徴がある。ここで問題となるのが、化学物質の規制や生物保護の分野などで広く支持されている予防原則との関係である。予防原則は、環境に対するリスクに科学的不確実性がある状況であっても、当該リスクを低減するための措置の検討を求める。ここでいう科学的不確実性とは、大まかには、関連の専門的知見が定まっていない状況を指す。そうした状況は、しばしば環境保護のための措置をとらない理由とされてきたが、それでは深刻な環境損害を防止できないとの認識に基づき、今日の環境法ではこの原則が広く支持されるようになっている。

予防的な SPS 措置は許されるか

　それでは SPS 協定の下では、輸入品によるリスクについて科学的不確実性があっても、加盟国はそのリスクに対処するための SPS 措置を導入できるのだろうか。たとえば、遺伝子組換え技術を用いた産品（種子など）を環境に放出することは、生態系をかく乱するリスクがあると指摘されているが、この点に関する科学的知見は必ずしも定まっていない。このような状況で、国内の動植物を守るため、そうした産品の輸入禁止といった措置をとることは、同協定の下で許されるのだろうか（なお、遺伝子組換え技術を用いた産品の輸出入に限っていえば、「生物多様性条約カルタヘナ議定書」という別の国際条約の規則もかかわりうるが、ここでは扱わない）。

この問題につき、SPS協定は「予防原則」という言葉に言及していないが、加盟国が一定の予防的なSPS措置（予防原則に基づくSPS措置）をとることを許容している。特に注目されているのが、同協定の5条7項に基づく暫定措置である。同項によれば、関連する科学的証拠が不十分な場合には、他の加盟国の措置等から得られる適切な情報に基づいて、暫定的にSPS措置をとることが認められている。国際的な判例（より厳密にはWTO〔世界貿易機関〕の紛争処理機関による判断）によると、ここでいう「科学的証拠が不十分な場合」とは、関連するデータや証拠が不足しているために、前述したリスクの科学的評価が適切に実施できない場合だと理解されている。そのような場合であっても、SPS措置の採用が認められうるが、当該措置はあくまで暫定的なものである。加盟国は、措置の採用後も、リスク評価に必要な追加的情報の入手に努めなければならず、また適当な期間内に措置を再検討しなければならない。このように、関連のデータ等が不足しているがために専門的知見が定まらない場合には、リスク評価の実施に十分な科学的証拠が集積するまでの間、一定の条件の下で暫定的にSPS措置をとることができる。

さらに判例をふまえると、加盟国の予防的なSPS措置が許容されるのは、5条7項に基づく暫定措置が認められる場合（「科学的証拠が不十分な場合」）に必ずしも限定されていない。つまり、5条1項に基づき通常のSPS措置をとる際にも、科学的に不確実なリスクに対処する一定の余地が認められているのである。第1に、専門家の間で科学的見解が対立していることも、専門的知見が定まっていないという意味で科学的に不確実な状況だといいうるが、そうした科学的論争の存在自体は、5条1項に基づくSPS措置の採用を必ずしも妨げない。リスクを指摘する少数意見に依拠してSPS措置をとることも、場合によっては認められうる。第2に、リスク評価を実施した結果、結論に不確かな

部分があっても、SPS措置の採用が否定されるわけではない。そうした結論をふまえて、他国より厳しい措置を採用することが正当化される場合もありうるとされている。

このようにSPS協定の下でも、国内の生物等の保護のために一定の予防的なSPS措置を採用することは可能である。だが、貿易の自由化への影響を抑えるため、その範囲が慎重に限定されている点に特徴がある。

〈参考文献・資料〉
①堀口健夫「SPS協定の下での予防的国内措置」法律時報91巻10号（2019年）
　　SPS協定の下で締約国が予防的な措置をとることが許されるのか、より詳しく検討している。
②小林友彦ほか編『WTO・FTA入門〔第2版〕』（法律文化社、2020年）
　　SPS協定を含む自由貿易に関わる国際条約・制度をわかりやすく解説している。

［堀口健夫］

14 化学物質の管理

Part3

［赤渕芳宏］

▶ 1 化学物質の人への健康影響——最近の問題から

「香害（こうがい／かおりがい）」という言葉を知っているだろうか。

　公害（環境基本法 2 条 3 項）の原因のひとつである悪臭は、アンモニアやメチルメルカプタン（腐敗臭）、硫化水素（腐卵臭）などの化学物質、あるいは物の焼却や下水溝などが放つ「不快なにおい」（悪臭防止法 2 条 1 項を参照）を指す。

　これに対して香害とは、人工香料などから発せられるいわゆる〈よいにおい〉が、人の健康への悪影響を引き起こすことをいう。たとえば、隣家のベランダに干してある洗濯物から漂ってくる洗剤や柔軟剤の香り、他人が付けている香水や制汗剤の香りが、人によっては、頭痛や吐き気といった体調不良を引き起こしたり、あるいは次にみる化学物質過敏症を発症・悪化させたりする。この語は、以前は、たとえばレストランでの強い香水など〈場にそぐわない強い香り〉により周囲に不快感を生じさせることを意味するものとして使われていたようだが（日本経済新聞1988年 8 月30日夕刊11頁などを参照）、2010年代後半からは、単なる不快感に止まらない健康被害をいうものとして用いられている。

　化学物質過敏症とは、化学物質への暴露により生じる慢性的な健康被害であり、①中毒やアレルギーといった従来の概念では説明することができない、②さまざまな化学物質によってさまざまな症状（頭痛、筋肉痛、倦怠感・疲労感、関節痛など）が現れる、③ごく微量の暴露により発症する、といった特徴をもつものである。原因として取り上げられるのは、農薬（シロアリ駆除剤に含まれるクロルピリホスなど）や防虫剤（パラジクロロベンゼンなど）をはじめ多様である。化学物質過敏症の概念が示されたのは1987年であり、1990年代前半には日本でも広く知られるようになった（毎日新聞1993年 7 月16日東京版朝刊19頁などを参照）。

　このうち、住宅等の建築物の内部において、建材や家具などに使用される化学物質への暴露によって発症する健康被害は、特にシックハウス症候群と呼ば

れている（カビやダニも発症因子として指摘されている。これが学校で生じるときには、シックスクール症候群とも呼ばれる。なお英語では、住宅も含めて sick building syndrome と呼ばれるようである）。シックハウス症候群では、住宅等の建材や家具などにおいて用いられる合成樹脂、接着剤や溶剤に含まれる、ホルムアルデヒドなどの化学物質への暴露により、皮膚や粘膜の刺激症状、倦怠感、頭痛・頭重などが多く発症するといわれている。通常は、問題となる建築物の外に移動すれば軽快するが、シックハウス症候群から化学物質過敏症を発症する場合もあるとされる。海外では1970年代後半から、また日本では1990年代に入ってから社会問題となった（「家が人を病気にする!?─シックハウス症候群（特集）」エコノミスト74巻40号66頁以下（1996年）などを参照）。

　香害、化学物質過敏症、シックハウス症候群のいずれも、人の生活の利便性や物の機能性を高める目的で使用された化学物質が、その使用中や使用後に、大気中に微量に放出され、こうした化学物質への（広い意味での）感受性の高い人がそれに暴露することによって生じる、人の健康への悪影響ということができよう。香害とシックハウス症候群とでは、問題となる化学物質の用途は限られるが、化学物質過敏症は、工場や自動車からの排気に含まれる化学物質などによっても発症・増悪することがあるとされている。

　シックハウス症候群については原因となる化学物質の特定が比較的進んでいるものの、いずれの問題も、何がどの程度原因となり、どのような機序で、どのような悪影響が生じるのかが、未だ科学的に明らかにされていない（化学物質過敏症については、化学物質以外にも原因が考えられており、このことから、これを別の名称で呼ぶべきとする立場もある）。

　これらの問題は、環境問題といえるだろうか。シックハウス症候群は建築物の安全性にかかわる問題であり、またこれらが労働現場で生じれば労働問題となる（労災につき後述する）。だが、大気を室内大気も含めて広く解し、その上で、これらの問題を、大気を媒体とした化学物質への暴露により生じる悪影響と捉え直せば、環境問題とも解することができるだろう。

▶ 2　法的な対応──事後的救済と事前的防止

　これらの問題への法的な対応は、他の環境問題と同じく、①すでに発生した

健康被害の事後的な救済（Part2の12を参照）と、②これから健康被害が発生することの未然の防止とに分けられる。

(1) 事後的な救済

　裁判による救済についてみると、まず化学物質過敏症については、当初は、そもそも健康被害の発生自体が認められない、あるいは健康被害が認められるとしても原因とされる化学物質への暴露との因果関係が認められないなどとして、被害者である原告の訴えが斥けられることが多かった（東京高判平成6年7月6日判時1511号72頁〔家庭用カビ取り剤の使用による慢性気管支炎等の発症につき、製造事業者の不法行為責任を否定〕など）。しかし、現在では「いまだその病態が十分には解明されておらず、疾患としての評価のための指標も確立されているとはいい難い」ものの、原告が化学物質過敏症を発症していることを認めた上で、さらに因果関係、および問題となった製品を販売した被告事業者の過失をも肯定して、損害賠償を認める例も少なくない（最近のものとして、高松地判平成30年4月27日判時2406号41頁〔カラーボックスの使用による化学物質過敏症の発症につき、販売事業者の債務不履行責任を肯定〕）。

　また、シックハウス症候群については、原因となる化学物質と健康被害の発生との間の因果関係は認めるものの、被告たる建物賃貸人ないし住宅等の製造・販売事業者の過失を否定して原告の訴えを斥けるものが少なくなかった（横浜地判平成10年2月25日判時1642号117頁〔賃貸人の債務不履行責任を否定〕など）。最近でも同様の事例はあるが（東京地判平成26年12月26日判例集未登載〔賃貸人等の債務不履行責任・不法行為責任を否定〕）、他方で被告の過失を肯定する例もみられる（東京地判平成21年10月1日判例集未登載〔マンション開発業者の不法行為責任を肯定〕、東京地判平成28年4月15日判例集未登載〔家具販売業者の不法行為責任を肯定〕）。

　行政による救済についてはどうか。被害者と加害者との間で紛争が生じたとき、被害者は、公害紛争処理法に基づく紛争処理手続を用いることもできる。化学物質過敏症に関しては、いわゆる杉並病に関する原因裁定（42条の27以下）が有名である。本件において、公害等調整委員会は、一部の申請人につき、問題となった不燃ごみ中継施設の操業直後の一定期間に限ってではあるが、当該施設から排出された化学物質（それが何かは同定されていない）が健康被害の原

因であることを認めた（公調委裁定平成14年6月26日判時1789号34頁）。シックハウス症候群については、それが公害に該当しないとの理由で、原因裁定の申請を却下する事案がみられる（公調委決定平成18年5月29日判例集未登載など）。

　また、被害者が労働者であり、健康被害が業務に起因して発生した（業務起因性がある）と認められた場合には、労働者災害補償保険法に基づく保険給付（労災保険給付）を受けることができる。化学物質過敏症、シックハウス症候群のいずれについても認定例がみられるが（毎日新聞2002年8月6日大阪版朝刊27頁〔シックハウス症候群〕、同2003年6月11日大阪版夕刊1頁〔化学物質過敏症〕など）、他方で否定例も少なくないようである。これらの健康被害の業務起因性が裁判で争われることもあり、認められた例がある一方で（広島高岡山支判平成23年3月31日労判1036号50頁〔塗装作業等による化学物質過敏症の発症〕）、認められなかった例もある（大阪地判平成24年12月26日判例集未登載〔図書館司書業務によるシックハウス症候群の発症〕）。

⑵　事前的な防止

　化学物質の使用によって生じる悪影響を未然に防止することをねらいとする法律には、どのようなものがあるだろうか。これについては節を改めよう。

　ところで、環境法学の教科書をひも解くと、こうした法律は「化学物質管理」（参考文献・資料①②）、あるいは化学物質による「汚染対策」（参考文献・資料③）といったテーマのもとで論じられている。もっとも、これらの中では、化学物質の「管理」ないし「汚染対策」とは具体的に何を指すかは、必ずしも明らかにされていない。大気汚染（Part2の8を参照）、水質汚濁（水俣病につきコラム⑦を参照）や土壌汚染（Part2の9を参照）、さらにいえば気候変動（Part1の1を参照）もまた、実際には化学物質を原因とするものである。すると、これらも「化学物質管理」や「汚染対策」に含まれることとなってしまう。もう少し意味内容を限定する必要がありそうである。

　本章では、ひとまず「化学物質管理」の語を用い、これをさしあたり〈化学物質による人の健康および生態系への悪影響の未然防止を目的として、化学物質の製造・輸入、販売、使用を規律すること〉と捉えた上で、話を進めることとしよう。

3　化学物質管理に関する法

⑴　化学物質の審査及び製造等の規制に関する法律

　上記のような意味での化学物質管理に関する法律としては、「化学物質の審査及び製造等の規制に関する法律」（化審法）が代表的である。化審法は、1968年頃に発生したカネミ油症事件（食用油のPCB〔ポリ塩化ビフェニル〕汚染による健康被害。コラム⑨を参照）を契機として1973年に制定され、その後数度の改正を経ている。

　化審法は、化学物質の使用・消費による人の健康や生態系への悪影響を未然に防止することを目的として、大きく分けて次の2つの仕組みを定めている。第1に、同法は、これまでに日本国内で製造や輸入（以下「製造等」とする）がされたことのない化学物質（新規化学物質）の製造等につき、国による事前審査制度を導入している。すべての新規化学物質の製造等は、前もって国に対して届出をし、国による事前審査を受けなければ、行うことができないこととされている。

　第2に、化審法は、PCBが有する、難分解性、生物体内への蓄積性、人または高次捕食動物（鳥類や哺乳類など）への長期毒性という、3つの性状に着目して、ある化学物質がこれらのうちのいずれの性状を有しているか（またはそのおそれがあるか）に応じて、その管理、および管理に必要な情報の収集のための措置を定めている。同法は、措置の対象となる化学物質の分類として、(a)第1種特定化学物質、(b)第2種特定化学物質、(c)監視化学物質、(d)優先評価化学物質、および(e)特定一般化学物質という5つを設け、それぞれにつき異なる措置を講じることとしている。それぞれの分類に指定されている化学物質の数は、2021年4月現在で、(a)が33物質、(b)が23物質、(c)が41物質、(d)が230物質である（(e)はまだ指定がない）。

　PCBは、これらの分類のうち、(a)の第1種特定化学物質（難分解性、蓄積性、長期毒性のいずれも有する化学物質）に指定されている。第1種特定化学物質に対しては、①製造等が原則禁止され、これを使用した製品の輸入も禁止される、②使用は他の物による代替が困難な場合などにしか認められない、③ある物質が新たに第1種特定化学物質に指定された場合、主務大臣は当該物質やそ

れを使用した製品の回収等を講ずることを、製造等を行う事業者に対して命ず
ることができるといった、最も厳しい管理措置が定められている。近頃は、
PCBやDDT（ジクロロジフェニルトリクロロエタン。有機塩素系殺虫剤。1981年に
化審法の第1種特定化学物質に指定されている）などのような、毒性、難分解性、
生物蓄積性が高く、かつ長距離移動性（大気、水、移動性の種を介して国境を越え
て移動する性質）が懸念される化学物質（残留性有機汚染物質。POPs〔Persistent
Organic Pollutants〕とも呼ばれる）の製造等および使用を国際的に規制する「残
留性有機汚染物質に関するストックホルム条約」（2001年5月採択、2004年5月発
効。日本は2002年8月に加入。POPs条約とも呼ばれる）の附属書の改正により、同
条約による規制の対象となるPOPsが追加されたことを受けて、それと同じ物
質が第1種特定化学物質として指定されることが多い。

⑵　その他の法律

　化学物質管理に関する法律としては、化審法のほか、①それがどこで何に用
いられるかに応じて、次のようなものがある。(a)農薬取締法（農薬の製造等・販
売・使用について規制する）、(b)「肥料の品質の確保等に関する法律」（肥料品質確
保法。肥料の製造等・販売・使用について規制する）、(c)食品衛生法（食品添加物の製
造等・販売・使用、および有害物質等の食品用の器具・容器包装への含有について規制
する）、(d)「有害物質を含有する家庭用品の規制に関する法律」（家庭用品規制
法。有害物質の家庭用品〔衣料品や住宅用洗剤など〕への含有について規制する）、(e)
「医薬品、医療機器等の品質、有効性及び安全性の確保等に関する法律」（薬機
法。医薬品等の製造等・販売・使用について規制する）、(f)「飼料の安全性の確保及
び品質の改善に関する法律」（飼料安全法。飼料・飼料添加物の製造等・販売・使用
について規制する）、(g)労働安全衛生法（労働者に健康障害を生じさせる化学物質の
製造等や事業場での使用について規制する）などである。これらの法律は、人の健
康への悪影響を未然に防止することを目的としているが、このうち、農薬取締
法は、人の健康への悪影響に加えて、生態系への悪影響の未然防止も目的とし
ている。また、飼料安全法は、家畜等への悪影響の未然防止を目的としてい
る。
　以上のほか、②特定の性状を有する化学物質を対象とするものとして、「水
銀による環境の汚染の防止に関する法律」（水銀汚染防止法）、毒物及び劇物取

締法（毒劇法）などがある。

(3) 化学物質過敏症・シックハウス症候群の未然防止に関する法

　ところで、冒頭に掲げた、香害、化学物質過敏症およびシックハウス症候群の未然の防止は、どのように図られているだろうか。

　このうち、香害は、概念として定着する途中にあり、現在、一部の地方公共団体（高知県、宮城県など）のほか、NGO（化学物質過敏症支援センターなど）、民間企業（シャボン玉石けん株式会社など）によって、市民などに対する情報提供や普及啓発が行われている。

　化学物質過敏症および（特に）シックハウス症候群については、これらの発症の原因となる化学物質が次第に明らかにされつつあり、こうした化学物質を管理するための法的仕組みが整えられてきている。主なものをみると、①「室内空気中化学物質の室内濃度指針値」が厚生労働省により設定されており（ホルムアルデヒド〔合成樹脂や接着剤、塗料等の原料。1997年設定〕をはじめとして、2021年4月現在で13物質を対象とする）、国や地方公共団体による対策に用いられている（たとえば後述の「学校衛生環境基準」。また「横浜市建築物シックハウス対策ガイドライン」など）。②建築基準法に基づき、クロルピリホス（有機りん系殺虫剤）およびホルムアルデヒドを建築材料に使用することが制限され、また換気設備の設置が義務づけられている（28条の2）。③「建築物における衛生的環境の確保に関する法律」に基づき、多数の者が利用する相当程度の規模の建築物に対する「建築物環境衛生管理基準」が定められており、ホルムアルデヒドにつき、こうした建築物の所有者等に対し、同基準に従い維持管理を行うことが義務づけられている（4条1項）。④シックスクール対策として、学校保健安全法に基づく「学校環境衛生基準」が定められており、校長に対し、ホルムアルデヒドなど6種類の化学物質について同基準に従い学校を維持する努力義務が課されている（6条2項）。このほか、⑤農薬については、農薬取締法があるほか、農林水産省による通知（「住宅地等における農薬使用について」（2013年））に基づく行政指導が行われている。

〈参考文献・資料〉

①大塚直『環境法〔第4版〕』（有斐閣、2020年）

　　環境法学の代表的な体系書・教科書の1つ。化学物質管理は第7章において詳述される。なお訴訟については、同『環境法BASIC〔第4版〕』（有斐閣、2021年）が扱う。

②北村喜宣「化学物質管理法制」法学教室386号（2012年）

　　同『環境法〔第5版〕』（弘文堂、2020年）では扱われない化学物質管理について、2009年改正後の化審法を、立法過程での立案担当者の説明などにも触れつつ解説する。

③阿部泰隆・淡路剛久編『環境法〔第4版〕』（有斐閣、2011年）

　　環境法学の主要な体系書・教科書の1つ。代表的論者による分担執筆の形をとる。化学物質管理は第V章2(2)で扱い、化審法のほか農薬取締法、食品衛生法も取り上げる。

④増沢陽子「日本における化学物質規制の到達点と課題」環境法政策学会誌19号（2016年）

　　本章にいう化学物質管理に限らず、化学物質のライフサイクルにわたり、2000年以降に展開された日本の化学物質規制を分析し、評価を加えた上で、その課題を洗い出す。

⑤小島恵「包括的な化学物質の管理にむけて」大久保規子ほか編『環境規制の現代的展開』（法律文化社、2019年）

　　ハザードベース／リスクベース（の管理）（内容については同論文を参照）という概念を改めて整理し、化学物質管理ではこれら2つの考え方が併用されるべきことを説く。

15 原子力発電所事故・放射能汚染・原子力安全規制

［川合敏樹］

 ## 1 電力の安定供給と環境問題

　電力は人々の生活に不可欠であり、その安定供給は極めて重要であると同時に、環境問題と非常に密接にかかわる。

　従来多用されてきた火力発電は、電力の安定供給に寄与しうるが、燃料として石油・石炭・天然ガス等を必要とし、その燃焼に大量の二酸化炭素の排出を伴うため、2050年までに温室効果ガスの排出を全体としてゼロにするカーボンニュートラルが求められる現状では問題が大きい（脱炭素などについては Part1 の1を参照）。水力発電は、そうした二酸化炭素の排出を伴わないものの、自然条件に左右される面がある。

　近年では、風力・太陽光・地熱・バイオマスなどの再生可能エネルギーを利用した発電方法に大きな期待が寄せられているが、自然条件に左右される面が大きく、安定供給やコスト面に不安を残すため、現状では火力発電等に代替しうるほどではない。また、再生可能エネルギーによる発電施設の設置・運転に伴う自然環境・生活環境・景観の破壊などは、再生可能エネルギーによる発電を促進するためにクリアすべき問題である（コラム①も参照）。

　他方、原子燃料を利用する原子力発電は、省資源による安定的な発電が可能であり、二酸化炭素の排出を伴わないという特長があり、地球温暖化抑止の観点から今日もなお重要視されていたり、その重要性を再認識する動きもあったりする。しかし、東京電力・福島第1原発事故（2011年）からもわかるように、原子力発電所（原発）の設置・運転には高度な科学・技術によるコントロールが不可欠で、特に事故が生じた場合には不可逆的な生命・健康被害や環境汚染が惹起されうる。また、原発の運転の停止・終了や脱原発をするにしても、安全な廃炉を可能にする技術的問題や放射性廃棄物の処分に関する問題が随伴する。

▶ 2　原子力発電をめぐる概要

⑴　原子力発電とは？

　原子炉にはウラン235などからなる原子燃料が装荷されている。これらが中性子の吸収により核分裂を生じる際、熱エネルギーの放出とともに2〜3個の中性子を放出する。そして、これらの中性子がウラン235などによって再度吸収され、核分裂が再度生じる（連鎖反応）。原子力発電とは、原子炉内部におけるこのような一連の核分裂反応を制御しつつ継続的に行わせる（臨界状態を保つ）ことで獲得された熱エネルギーをもとに発電を行うものである。

　核分裂により発生する核分裂生成物としての放射性物質は、原子炉内の燃料棒に装塡されるペレットの内部で発生する。ペレットで発生した放射性物質は、ペレット内部の結晶格子またはペレット外部の燃料被覆管等によって、外部への漏出が防止されるような構造がとられる。

　原子炉の炉型は、軽水炉では加圧水型と沸騰水型に大別される。加圧水型原子炉では、1次系統の配管内の熱湯によって2次系統の配管内の水を温め、そこで発生した蒸気によるタービンの駆動により発電が行われる。他方、沸騰水型原子炉では、原子炉内部で獲得された熱源によって直接タービンを駆動させる。なお、消費燃料より多くのプルトニウムを生成する高速増殖炉やその他の新型炉などもあるが、実用化には至っていない。

⑵　日本における概況

　福島第1原発事故の発生前は、全発電量の30％前後を原子力発電に依拠してきていたが、今日の状況は大きく異なっている。

　一般財団法人日本原子力産業協会によれば、2022年1月7日現在、日本国内には33基の原子炉が存在する（建設中・計画中の原子炉や運転終了・廃止済みの原子炉を除く）。福島第1原発事故の前後から運転停止措置が講じられてきた原子炉の一部は、運転の再開（いわゆる再稼働）を目指す手続がとられ、現に運転再開しているものがある反面、運転の差止め等を求める訴訟も提起されている。また、福島第1原発の他、福島第1原発事故の前後にすでに運転終了を迎えている原子炉は、廃止措置が進められつつある。

表1 電源別の発受電電力量の概況

電　源	2000年度	2010年度	2019年度
原子力	34%	25%	6 %
石油等	11%	9 %	7 %
石　炭	18%	28%	32%
天然ガス	26%	29%	37%
水　力	10%	7 %	8 %
地熱など新エネルギー	1 %	2 %	10%

出典：一般財団法人日本原子力文化財団「原子力・エネルギー図面集」より作成

　政府は、第6次エネルギー基本計画（2021年10月）において、2050年にカーボンニュートラルが実現した社会での電力需要増加に対応するため、福島第1原発事故を踏まえて可能な限り原発依存度を低減するとしつつ、現状で安定的・効率的で低コストであり温室効果ガスの排出も伴わない発電が可能な原発は「重要なベースロード電源」のひとつと位置づけた上で、国民からの社会的信頼を獲得し、安全確保を大前提に、原子力利用を安定的に進めていくため、原子力事業を取り巻くさまざまな課題に対して、総合的かつ責任ある取組みを進めていく必要を指摘している。経済財政諮問会議のもとに設置された成長戦略会議も、「2050年カーボンニュートラルに伴うグリーン成長戦略」において、確立した脱炭素技術による原発への依存度を可能な限り低減しつつ、安全性向上を図り引き続き最大限活用し、安全最優先での再稼働と安全性に優れた次世代炉を開発することの必要性を説いていた。

 ## 3　原子力発電に関する法的規制

　原子炉や原発の設置・運転（さらにはその運転停止や廃炉）にあたっては、原子炉・原発外部への放射性物質の漏出やそれによるヒト・自然環境などへの被害が出来せぬよう、法による規制を通じた十全な対策が重要になる。原子力関連法制は原子力基本法を頂点としているが、そうした対策のあり方を規定する中心的な存在が「核原料物質、核燃料物質及び原子炉の規制に関する法律」（原子炉等規制法）である。以下では、同法上の発電用原子炉（2条5項）の設置・運転（再稼働）に的を絞り、その法的規制の概要を確認する。

⑴ 規制主体としての原子力規制委員会

　原子炉等規制法の2012年改正前においては、原子炉ごとに縦割りの規制体制がとられ、実用発電用原子炉（当時）の規制主体は、経済産業大臣（実際の審査業務等にあたるのは原子力安全・保安院など）であった。しかし、現行法では、すべての原子炉の規制主体は、専門家からなる合議制機関で環境省の外局として設置されている原子力規制委員会（原規委）であり、規制主体が「原発を推進する側」から「原発を規制する側」へと移行されている。この規制主体の変更は、「放射性物質による大気の汚染、水質の汚濁及び土壌の汚染の防止のための措置については、原子力基本法……その他の関係法律で定めるところによる。」と定めていた環境基本法13条が削除され、また、統一的な規制を図るべく原子力規制委員会設置法が制定されたことに基づく。

　原規委は、国家行政組織法3条所定の委員会として、政治的独立性・中立性の維持と専門性の発揮を求められており、原子力規制委員会規則の制定によって原子炉等規制法の規定をより詳細に定める（例：「実用発電用原子炉の設置、運転等に関する規則」〔実用炉規則〕、「実用発電用原子炉及びその附属施設の位置、構造及び設備の基準に関する規則」〔設置許可基準規則〕、「実用発電用原子炉及びその附属施設の技術基準に関する規則」〔技術基準規則〕）。

　これらの規則では、科学・技術への即応性や事業者の安全性確保措置の選択可能性等から、必要な仕様を数値等で具体的に定める仕様規定ではなく、安全性確保に必要な性能を定める性能規定が設けられることがある。規則自体で性能規定が設けられている場合、当該規則の解釈（内規）を定めることで具体的な内容が規定されたり、その解釈（内規）のなかで各種指針や学協会規格の参照が規定されたりする。

⑵ 原発の運転に向けた規制

　原子炉等規制法上、発電用原子炉の設置・運転に向けた事前規制としては、原子炉設置許可（43条の3の5）、設計・工事計画認可（43条の3の9）、使用前事業者検査（43条の3の11）、保安規定認可（43条の3の24）などの許認可制度が法定されており、これらを段階的に申請・取得していくように制度設計および運用がなされている（段階的安全規制方式）。

　原規委は、発電用原子炉の設置許可申請があった場合、①発電用原子炉の設

置に必要な技術的能力・経理的基礎があること、②炉心の著しい損傷等の重大事故の発生・拡大の防止に必要な措置の実施に必要な技術的能力等があること、③発電用原子炉とその附属施設（発電用原子炉施設）の位置・構造・設備が核燃料物質等や発電用原子炉による災害の防止上支障がないものとして法定基準に適合すること、④保安業務にかかる品質管理に必要な体制が法定基準を満たしていること、などの各要件に適合していると認めるときでなければ、その許可をしてはならない（43条の3の6第1項）。発電用原子炉の位置・構造・設備等の一定事項を変更する際も同条が準用され（43条の3の8第2項）、現在の原発再稼働にあたっても、原子炉設置変更許可などの取得が必要とされている。

　原子炉等規制法の2012年改正によって、たとえば以下の規定が新たに明定された。第1に、発電用原子炉施設は、原子力規制員会規則で定める技術上の基準に適合するよう維持しなければならないとされた（43条の3の14）。第2に、発電用原子炉施設が技術基準に適合していない場合等には、原規委は、使用停止・改造・修理等の必要な措置を命ずることができるとされた（43条の3の23）。これらの規定により、事業者は、原子炉設置許可等の付与された当時の技術基準を遵守しさえすればよいのではなく、技術基準が改正された（厳格化された）場合には、改正後の技術基準も遵守する義務を常に負い、また、原規委は、その義務を履行しない事業者に対して、技術基準適合命令を下すことができる。これらは、既存原発にも遡及して最新の基準の遵守を求めるもので、いわゆるバックフィット義務やバックフィット命令を定めた規定である。第3に、発電用原子炉の運転可能な期間は40年と限定され、1回に限り最長20年の延長のみ可能とされた（43条の3の32）。こうした規制は、原発の有する特性から設けられたものといえる。

　また、原子炉等規制法の2017年改正によって、原規委による原子力規制検査が制度化されている（61条の2の2）。同制度は、事業者の行う検査の仕組みを導入して安全性確保の主体を明確化するとともに、事業者の保安活動や検査状況を原規委が総合的に監視・評価することとし、事業者と原規委の双方の対応強化を意図している。

4　原発の設置・運転と訴訟

　原発の設置や再稼働を含む運転をめぐっては、その周辺住民等が訴訟を提起することがある。

　福島第1原発事故前は、原子炉設置許可の取消訴訟や無効確認訴訟（行政事件訴訟法3条2項・4項）といった行政訴訟が多くみられた（たとえば、伊方原発事件〔最判平成4年10月29日民集46巻7号1174頁〕、福島第2原発事件〔最判平成4年10月29日訟務月報39巻8号1563頁〕、もんじゅ事件〔最判平成4年9月22日民集46巻6号571頁〕）。福島第1原発事故後も、再稼働にかかる裁判例（川内原発にかかる福岡地判令和元年6月17日裁判所HP、大飯原発にかかる大阪地判令和2年12月4日判タ1480号153頁）があるほか、自治体が原告であるケースやバックフィット命令の義務づけを求めるケースも係属中である。行政訴訟では、原告適格、裁判所による審査の範囲や基準時、立証責任の配分などが問題となることがある。

　他方、民事訴訟や仮処分の申立てによって原発の建設や運転の差止めを求める裁判例は、上記の最高裁判決の前後でもみられたが、特に福島第1原発事故後は行政訴訟よりも多くみられる。これらの裁判例では、認容されたもの（伊方原発にかかる広島高決令和2年1月17日裁判所HPなど）と棄却されたもの（大飯原発にかかる大阪高判令和2年1月30日裁判所HPなど）がある。民事訴訟や仮処分の申立ては、原子炉設置許可などを攻撃対象とする行政訴訟とは異なり、原発の建設・運転による原告の生命・身体等の権利・利益の侵害について直接的に争うことが可能ないし容易である。ただし、原規委が原子炉設置変更許可を下していることと裁判所が当該原子炉・原発の建設・運転の差止めを判断することとの相互関係については、立法論も含めた問題となる。

　これらのほかに、福島第1原発事故をめぐる損害賠償請求訴訟では、「原子力損害の賠償に関する法律」に基づく東京電力の損害賠償責任のほか、当時の経済産業大臣による電気事業法40条に基づく規制権限の不行使にかかる国の損害賠償責任が問われている。特に後者については、請求が認容されたもの（たとえば仙台高判令和2年9月30日判時2484号185頁）と棄却されたもの（たとえば東京高判令和3年1月21日裁判所HP）がある。

5　高レベル放射性廃棄物の最終処分をめぐる問題

　発電用原子炉の運転により発生した使用済燃料には、ウラン235などがなお も含有されている。これらは使用済燃料の回収・加工を通じた再処理によって 核燃料物質として分離され、再利用可能になる（核燃料サイクル）。再処理工程 後に残る核分裂生成物は、資源としての再利用が不可能であり、かつ、放射能 レベルの高いものや半減期が200万年を超えるものもあり、一般には高レベル 放射性廃棄物として処分されなければならない。

　「特定放射性廃棄物の最終処分に関する法律」（最終処分法）は、主に上記の ような高レベル放射性廃棄物を第1種特定放射性廃棄物と位置づけ（2条3 項・5項・7項・8項）、その処分のあり方を具体的に規定している。同法のも とでは、それらは液状のガラスに溶かし込まれ、冷えて固まった後のガラス固 化体を深地層に埋設して処分することが想定されている。処分の実施主体は、 経済産業大臣による認可に基づき設置される法人である原子力発電環境整備機 構（NUMO）であり、その運営は発電用原子炉設置者の拠出金で賄われる（11 条以下、16条以下、43条以下）。

　最終処分をめぐる最大の法的問題は、最終処分施設の立地選定であろう。深 地層埋設処分に技術面で科学的不確実性が随伴し、また、周辺住民等の生命・ 健康や自然環境に及ぼしうる影響から、地元自治体・近隣自治体やその住民の 合意形成が困難であるし、地元・近隣自治体の住民とそうでない市民との間の 公平性確保も問題となるからである。また、上記のような影響が超長期に及ぶ ことから、世代間の公平性確保も問題となるからである。最終処分法上、 NUMOは、概要調査地区・精密調査地区・最終処分施設建設地の選定という 3段階から徐々に立地を絞っていく。NUMOによる概要調査地区等の選定の 円滑な実現のため、科学的により適性が高いと考えられる地域（科学的有望地） の提示等を通じ、市民・関係住民の理解・協力を得ることに努めるとされてお り、2017年に「科学的特性マップ」が公表されている。

　上記のような段階的な立地選定手続は、第1種特定放射性廃棄物の有する諸 種の影響から住民・自治体等の確実な合意形成の実現を図ろうとするものであ るといえる。しかし、そうした法制度の運用の局面において、実際には合意形

成は容易でない。2021年11月現在、北海道内の2町村が概要調査地区選定の前提となる文献調査の実施を申し出ているものの、北海道知事はこれに消極的な意向を示している。自治体の住民間での合意形成が容易ではないことに加えて、最終処分は1つの自治体内で完結しうるものでもないことが、問題解決を困難にさせているといえ、今後の先行きは不透明である。

まとめてみよう
・種々の発電方法は、環境問題とどのようにかかわっているか。各発電方法のメリットとデメリットを挙げながら説明してみよう。
・発電用原子炉を含む原発の設置や運転について、原子炉等規制法はどのような規制を定めているか。図示しながら説明してみよう。

考えてみよう
・既存の発電用原子炉に恒常的な技術基準適合義務や運転可能期間が遡及的に規定されることは、どう正当化されるだろうか。他分野・他施設とも比較しながら考えてみよう。
・第1種特定放射性廃棄物の最終処分施設の立地選定を滞りなく進めるためには、どのような仕組みや過程があるとよいか。他分野・他施設とも比較しながら考えてみよう。

〈参考文献・資料〉
①東京電力福島原子力発電所事故調査委員会『国会事故調　報告書』（徳間書店、2012年）
　　国会に設置された事故調査委員会が事故の過程・原因等を克明に記録。福島原発事故独立検証委員会『福島原発事故独立検証委員会　調査・検証報告書』（ディスカヴァー・トゥエンティワン、2012年）も併読されたい。
②佐藤一男『改訂　原子力安全の論理』（日刊工業新聞社、2006年）
　　やや前のものであるが原発の安全性を支える論理について説明した書籍。著者は旧原子力安全委員会の委員長。
③交告尚史ほか『環境法入門〔第4版〕』（有斐閣、2020年）
　　環境法のトピックとして原子力の利用と安全確保を扱う。他分野も含め入門的な環境法テキストとしても一読されたい。
④下山俊次「原子力」山本草二ほか編『未来社会と法』（筑摩書房、1976年）
　　現在の原子力利用に関する規制や現行原子炉等規制法による規制の原形がどのような背景から制度化されているのかを詳述。

⑤武谷三男編『原子力発電』（岩波書店、1976年）

　　原発の構造等のほか今なお課題となる原発の危険性や法的問題点を詳細かつ平易に説明した「古典」。

⑥髙木仁三郎『原発事故はなぜくりかえすのか』（岩波書店、2000年）

　　「市民科学者」の立場から原発の危険性や国の政策の問題点などを主張し続けた著者の晩年の著作。

⑦池上彰『高校生からわかる原子力』（集英社、2017年）

　　TV 等でおなじみの著者が原発を含む原子力全般にかかわる問題についてわかりやすく概説。

⑧「法律時報2021年 3 月号」（日本評論社、2021年）

　　東日本大震災から10年を機になされた特集。現在までの原発訴訟や法的規制について第一線の研究者による論稿を所収。

Part3
16　環境影響評価

［筑紫圭一］

1　環境影響評価の重要性

⑴　環境影響評価の必要性

　皆さんは、環境影響評価という言葉を耳にしたことがあるだろうか。これは、大雑把にいうと、開発の潜在的な環境影響を事前に調査・予測・評価し、その結果を開発の意思決定へ適切に反映させよう、という取組みである。環境アセスメントともいう。

　環境影響評価は、どうして必要なのか。それは、環境影響評価を欠く開発は、著しい環境問題を発生させ、大きな社会的損失をもたらすおそれがあるからである。たとえば、風力発電の開発は、地球温暖化対策としての意義をもつけれども、開発の位置や規模、構造によっては、クマタカのような希少動物の存続を脅かしうる。しかし、仮に開発自体を行うとしても、あらかじめ相応の対策や工夫を施せば、その環境影響を回避・低減することができるかもしれない。

　環境問題はひとたび生じると、その回復が往々にして難しい。そのため、事前に有効な対策をとり、問題の発生そのものを防ぐことが大切である。現実に極めて深刻な公害被害を発生させた熊本水俣病やイタイイタイ病については、後の計算により損害費用が防止対策費用を上回るものと証明されている。環境影響評価は、重大な環境問題の発生を防止するために、必要不可欠な取組みだといってよい。

　環境影響評価は、こうした重要な取組みであるため、そのあり方が、しばしば社会の強い関心を集める。2010年代以降に限ってみても、さまざまな開発事業において、環境影響評価が話題となった。たとえば、東京都の築地市場移転に際し、土壌汚染が人の健康へ与える影響に注目が集まった。また、名護市辺野古の新基地建設では、天然記念物ジュゴンへの影響が強く懸念された。そのほかにも、リニア中央新幹線の建設をめぐっては、水資源や生物多様性への影

響が、全国の石炭火力発電所建設に関しては、大気汚染や地球温暖化の問題が、それぞれ議論の的となってきた。

　社会にとって必要な開発であっても、その中には、人の健康や生活環境、生物多様性や自然環境、地球環境に対し、重大な悪影響をもたらしうるものがある。そのため、そうした悪影響が懸念される開発については、環境影響評価を適正に行い、その影響を可能な限り小さくしなければならない。環境影響評価は、持続可能な開発という環境基本法4条やSDGsの理念を実現するための一手段である。

⑵　環境影響評価制度の展開

　環境影響評価制度は、どのように展開してきたのか。世界で初めて環境影響評価制度を定めた法律は、アメリカの1969年全国環境政策法（NEPA: National Environmental Policy Act of 1969）である。それ以降、大半の国が同様の制度化を行ってきた。

　日本では、1970年代前半から個別分野の環境影響評価が始まったものの、産業界の反対も強く、統一的な制度はなかなか成立しなかった。1981年4月に国会に提出された環境影響評価法案も審議未了・廃案となったため、政府は、1984年8月に要綱「環境影響評価の実施について」を閣議決定し、いわゆる「閣議アセス」を開始した。ただし、閣議アセスは法律の根拠を欠き、①事業者に環境影響評価の実施を強制できない、②許認可の根拠法が環境配慮を認めていなければ、許認可権者は環境影響評価の結果を考慮できない、という大きな限界を有した。

　こうした事態は、ようやく1990年代に変化する。1993年に成立した環境基本法の20条は、国が講ずる環境保全施策等の1つとして、「環境影響評価の推進」を掲げた。これを受け、国は1997年に環境影響評価法を制定し、閣議アセスが抱えていた上記の限界を克服した。さらに同法の2011年改正により、環境影響評価制度の拡充を図っている。

　自治体の条例に基づく環境影響評価制度も、重要な役割を果たしてきた。たとえば、川崎市は、国の閣議アセスよりも早く、1976年に環境影響評価条例を制定した。環境影響評価法と条例の関係を簡単に述べれば、同法の対象外事業につき、自治体は独自の条例を定めて環境影響評価の実施を求めうる。また、

同法の対象事業であっても、条例により、同法が対象としない環境項目（コミュニティや文化財など）に関する評価の手続などを定められる。2020年時点では、すべての都道府県と大半の指定都市が環境影響評価条例を定めている。このように、環境影響評価は国の内外で定着し、その重要性が広く認められている。

 ## 2　環境影響評価法の目的と仕組み

　次に、環境影響評価法の目的と仕組みについて、具体的に説明しよう。環境影響評価の仕組みは、科学的な調査と公衆の参加を基本的な要素とする。

⑴　目　　的
　環境影響評価法の目的は、「規模が大きく環境影響の程度が著しいものとなるおそれがある事業」を対象に、環境影響評価手続を定め、その評価結果を事業許認可等の決定に反映させることにより、事業が環境保全に十分に配慮して行われるようにすることである（1条）。環境影響評価は、①事業実施の決定（政策段階とより上位の計画段階）、②位置・規模の決定（事業の位置・規模や施設の配置・構造等の検討段階）、③建設方法の決定（個別事業の計画・実施段階）という諸段階で行うことが考えられる。同法が当初定めたのは、③段階の手続であり、これを「事業アセス」という。2011年の同法改正により、②段階の計画段階環境配慮書手続も導入された（図1）。

⑵　実施者と対象事業
　環境影響評価の実施者は、対象事業を行おうとする事業者である。こうした仕組みとしたのは、事業実施に伴う環境影響は、事業者自らの責任で配慮すべきであり、また、事業者自身が評価すれば、その結果を事業に反映させやすい、と考えたためである。ただし、アメリカのように、行政機関が環境影響評価を行う国もある。
　対象事業は、「事業の種類」と「国の関与」という2つの要件を充たす事業である（2条2項）。まず、事業の種類は、環境影響評価法上、13種類の事業に限定されている。具体的には、道路、河川、鉄道、飛行場、発電所、廃棄物最

図1　環境影響評価法の仕組み

1. 配慮書の手続	2. 方法書の手続	3. 準備書の手続	4. 評価の手続	5. 報告の手続
※配慮書の作成／主務大臣意見／都道府県等の意見／一般からの意見／環境大臣意見／対象事業に係る計画策定／第一種事業の判定（スクリーニング）	方法書の作成／説明会／主務大臣意見／都道府県知事等の意見／環境保全の見地から意見を有する者からの意見／環境大臣意見	アセスメント（調査・予測・評価）の実施／準備書の作成／説明会／主務大臣意見／都道府県知事等の意見／環境保全の見地から意見を有する者からの意見／環境大臣意見	評価書の作成／免許等を行う者等の意見／補正評価書の作成／許認可等での審査・事業の実施／環境大臣の意見・助言等	報告書の作成／免許等を行う者等の意見／環境大臣の意見

※配慮書の手続については、第2種事業では事業者が任意に実施する。

出典：環境省「環境アセスメントの手続」（http://assess.env.go.jp/1_seido/1-1_guide/2-1.html）

終処分場、埋立て・干拓、土地区画整理事業、新住宅市街地開発事業、工業団地造成事業、新都市基盤整備事業、流通業務団地造成事業、および、宅地造成事業である（そのほか、港湾計画の港湾環境アセスメント）。また、対象事業は、許認可事業、補助金・交付金交付事業、独立行政法人実施事業、国実施事業など、国の関与があるものに限られる。こうした関与の仕組みを通じ、環境影響評価の結果を事業の内容に反映させることが、その狙いである。

　さらに、事業の規模に応じた「第1種事業」と「第2種事業」という区分がある。第1種事業は、大規模で環境影響の程度が著しいものとなるおそれがある事業であり、一律にアセスメントの実施が求められる。第2種事業は、第1種事業に準ずる規模（75%の規模）の事業であり、アセスメント実施の要否が個別に判定される。一般国道を例にとれば、政令上、4車線以上・10km以上のものが第1種事業、4車線以上・7.5km以上10km未満のものは第2種事業とされている。なお、環境影響評価法の対象事業にあたらない事業であっても、条例上のアセスメント実施対象事業となりうる。

(3)　計画段階環境配慮書の作成

　2011年改正で「計画段階環境配慮書」の手続が導入された。これは、事業計画の早期段階を対象とする手続であり、より柔軟・効果的な環境配慮が行われ

るものと期待される。第1種事業の実施者は、事業の位置・規模等の検討段階で適正な環境保全配慮事項を検討し、その結果をまとめた配慮書を作成する義務を負う（3条の2、3条の3）。第2種事業の場合は、任意の実施である。配慮書には、事業の目的と内容、事業実施想定区域とその周囲の概況、配慮事項ごとの調査・予測・評価の結果などを記載する。事業の位置・規模等の検討については、「一又は二以上の当該事業の実施が想定される区域」（3条の2第1項）とされ、複数案の環境影響を比較検討することが実質的に求められる。実際に、三重県の都市計画道路「鈴鹿亀山道路」に係る環境影響評価では、市街地北部ルートと市街地通過ルートという2つの案が検討された。配慮書は、主務大臣への提出と公表、主務大臣・環境大臣・知事・市民等からの意見聴取といった手続も経る。

⑷　第2種事業の判定

　第2種事業については、許認可権者等が環境影響評価の要否を個別に判定（スクリーニング）する。第1種事業に及ばない規模の事業であっても、その内容や地域状況によって環境影響を無視しえないものがあるため、ふるい分けとしてのスクリーニングを行うことにしている。たとえば、他の道路と一体的に建設され、全体として多大な環境影響を生じさせうる道路については、環境影響評価を行う必要性が大きいであろう。許認可権者等は判定に際し、地域の実情に詳しい知事の意見を聴くことが求められる（4条2項）。

⑸　事業アセスの仕組み

　事業アセスの手続は、方法書、準備書、評価書の手続に大別される。第1に、方法書の決定（スコーピング）である。事業者は、「環境影響評価方法書」を作成し（5条）、知事・市町村長・市民からの意見聴取を経て、最終的な方法書を決定する。スコーピングは、調査・予測・評価の項目と方法を絞り込み、地域や事業の特性に応じた環境影響評価を効率的に行うための手続である。評価対象に含まれる環境項目は、①大気環境・水環境・土壌環境など、②動植物・生態系、③景観・触れ合い活動の場、④廃棄物・温室効果ガスなどの環境負荷、⑤放射線の量である。ただし、これらすべての項目が、あらゆる事業で問題となるわけではない。たとえば、国立公園内を通す道路と都心部を通

す道路とでは、配慮すべき問題が異なりうる。スコーピングが必要となるのは、そのためである。

　第2に、準備書の作成である。事業者は、方法書に従って調査・予測・評価を行い、評価書の原案である「環境影響評価準備書」を作成する（14条）。その上で、準備書の公開、説明会の開催、知事・市町村長・市民の意見聴取を行う。事業による環境影響があると判断されたときは、環境保全措置を講じる必要が生じる。同法は、環境保全措置につき、「当該措置を講ずることとするに至った検討の状況も含む。」（14条1項7号ロ）と定める。これは、複数案の検討を含む趣旨と解され、道路でいえば、複数の構造や工法を検討することが考えられる。環境保全措置の検討に際し、環境影響の回避（ルート変更等により影響を発生させない）、低減（工事工程や施設構造の変更等により影響を軽減する）、代償（保全対象の移植や新しい生息地の創出等をする）の順で検討し、その影響を極力なくすという「ベスト追求型」の思考が求められる。

　第3に、評価書の作成である。事業者は、準備書に対する諸意見を踏まえ、「環境影響評価書」を作成し、許認可等権者へ送付する（21条、22条）。環境大臣は、必要に応じて許認可等権者に環境保全の見地から意見を述べ（23条）、許認可等権者は、23条意見を踏まえて、必要に応じ事業者に環境保全の見地から意見を述べる（24条）。事業者は、24条意見を勘案し、必要に応じた補正を経て、最終的な評価書を確定する（25条）。さらに、評価書が確定したことの公告と1カ月間の縦覧も行う（27条）。

(6)　許認可等への反映

　事業の許認可権者は、許認可の判断に際し、評価書の記載事項と24条意見の書面に基づき、その事業者が適正な環境配慮をしているかどうかを審査する（33条）。この規定は、既存の各種事業法に横断的に環境配慮を組み込むものであり、「横断条項」と呼ばれる（34条〜37条も参照）。許認可の根拠法が環境配慮規定を欠く場合でも、適正な環境配慮を欠く事業者は、横断条項により許認可を拒否されうる。この点は、閣議アセスと大きく異なる。ただし環境影響評価法は、許認可権者に適正な環境配慮を求めるにすぎず、環境利益の最優先を求めてはいない。そのため、相当の環境影響が見込まれる場合でも、他の利益と総合考慮した結果、許認可がされる余地はある。

(7) 報告書手続

　事業者は、基本的に工事が完了した段階で、事後調査や環境保全措置の状況につき、報告書の作成、許認可権者への報告、公表の義務を負う（38条の2以下）。これは、環境配慮の実効性等を担保するための仕組みであり、2011年改正で充実化が図られた点である。

3　環境影響評価制度の成果と課題

(1) これまでの成果

　日本の環境影響評価制度は、有効に機能しているのか。貴重な成果を生んだ事例もある。藤前干潟の埋立問題（1994～1998年）は、閣議アセスと名古屋市・愛知県のアセスメント要綱の下で、その埋立てが断念された著名な例である。藤前干潟は、2002年11月、国際的に重要な湿地としてラムサール条約に登録された。また、同じく環境影響評価法の適用例でないものの、それに準じた環境影響評価が行われた愛知万博（2005年）の事例においても、最終的に計画案が大きく変更された。

　ただし残念ながら、こうした例は多くない。環境影響評価法の施行から2010年までの同法適用事例では、事業計画の中止に至った例は1つもないという（参考文献・資料①82頁）。日本の環境影響評価は、事業者やその委託業者が実施する仕組みをとることもあり、事業者自身に都合のよい評価（アワセメント）をしているのではないか、と疑われてきた。

(2) 残された課題

　環境影響評価法の残された課題は何か。ここでは、2つの主な課題について述べる。

　第1に、戦略的環境アセス（SEA: Strategic Environmental Assessment）の本格的な導入である。日本の環境影響評価法は、実施の決定（政策段階とより上位の計画段階）に関する手続を導入していない。そのため、マスタープランや土地利用計画のような、より上位の計画で実施が決まった事業につき、仮に事業アセスの段階で重大な環境影響が判明したとしても、事業中止のような大胆な計画変更は難しいという問題がある。2011年に導入された計画段階環境配慮書

手続もそこまで早い段階のものではなく、国際標準に照らせば、現行制度を十分な SEA と評価することはできない。この点で、より早期の環境影響評価を推進する、生物多様性基本法が注目される。同法25条は、「生物の多様性に影響を及ぼす事業の実施に先立つ早い段階での配慮が重要である」という認識に立ち、事業計画の立案の段階から事業実施までの段階において生物多様性に係る環境影響評価を推進する旨を定めている。環境基本法19条は、国の環境保全配慮義務を定めており、SEA は、その具体的措置として位置づけられると考えられている。

　第2に、事業アセスの対象拡大である。環境影響評価法は、事業の種類と規模という観点から、その対象を狭く限定している。確かに、風力発電や太陽光発電が対象事業に追加されるなど、必要に応じた改善も進められてきた。しかし、こうした改善により、すべての問題が解消したわけではない。たとえば、第2種事業にあっても、かなり大規模なものに限られており、同法の対象から外れる事業があまりに多いと指摘される。規模要件をわずかに下回る事業計画を立てるという、アセス逃れの事例も少なくない。同法に基づく環境影響評価の実施案件（1999年法施行～2017年度末）は、447件にすぎないという（参考文献・資料③52頁）。条例上の対象事業も規模が大きいものに限定されてきたため、日本における環境影響評価の実施件数は極めて少ない。そこで、同法を改正し、対象事業を拡大することも主張される。具体的には、環境影響のないことが明白な事業を除いて広く簡易アセスメントを行い、その結果から必要と認められたものだけを対象に詳細なアセスメントを実施する、という仕組みが提唱されている（参考文献・資料①186-191頁）。

まとめてみよう
・環境影響評価は、なぜ必要なのか。SEA の重要性も含め、まとめてみよう。
・スクリーニングとスコーピングとは何か。それぞれの内容をまとめてみよう。

考えてみよう
・現行の環境影響評価法上、アワセメントの防止に役立つ仕組みとして、どのようなものがあるか。それは、十分な仕組みと考えられるか。そうでないとしたら、ほかにどういった仕組みを設けるとよいか、考えてみよう。
・2021年3月、政府は、風力発電に関する環境影響評価の対象規模を緩和する方針（1施設あたり定格出力1万キロワット以上の施設としていた要件を、同5万キロワット以上に緩和する）を決めた。その理由は何か、それは適切かどうか、を考えてみよう。

〈参考文献・資料〉

①原科幸彦『環境アセスメントとは何か』（岩波書店、2011年）
　環境影響評価の第一人者が、日本法の問題点とあるべき仕組みを明快に説明する。
②上智大学環境法教授団編『ビジュアルテキスト環境法』（有斐閣、2020年）
　Chapter11
　豊富な図表を用いつつ、環境影響評価の意義やプロセス、制度のポイントを平易に解説する。
③環境アセスメント学会編『環境アセスメント学入門』（恒星社厚生閣、2019年）
　環境影響評価の意義や仕組みに加え、その沿革や具体例などを詳しく勉強したい場合にお薦めの一冊。文章もわかりやすい。

おわりに──私たちの地域と暮らしと SDGs

　2015年 9 月にニューヨークで開催された国連持続可能な開発サミットにおいて、17のゴールと169のターゲットで構成される「持続可能な開発目標（SDGs: Sustainable Development Goals）」が満場一致で採択された。国連の全加盟国がさまざまな違いを乗り越えて人類の目指すべき未来の姿を共有したという意味で画期的な合意であり、また合意文書のタイトル「我々の世界を変革する（Transforming our world）」や「誰一人取り残さないことを誓う（we pledge that no one will be left behind）」（前文）、「これは21世紀における人間と地球の憲章である（What we are announcing today is charter for people and planet in the twenty-first century）」（パラグラフ51）という合意文書の言葉に表れているとおり、これは人類の決意である。

　17のゴールはすべてが人類と地球の未来にとって本質的に重要なものであると同時に、それらは一体不可分で相互に関連することから統合的にアプローチすべきものであることが合意の中で強調されている。「これは人々の、人々による、人々のためのアジェンダであり、このことこそがこのアジェンダを成功に導くと信じている（It is an Agenda of the people, by the people and for the people ── and this, we believe, will ensure its success.）」（パラグラフ52）という言葉のとおり、世界が共有したこのゴールに到達できるかどうかは、今、私たち一人一人が SDGs を自分事と捉えて行動に移すことができるかどうかにかかっている。

　課題先進国ともいわれる日本においては、私たちがさまざまな社会課題を自分事と捉えて、自らの地域や暮らしの現場において統合的視点をもって行動していくことが重要である。

　第 5 次環境基本計画（2018年閣議決定）やパリ協定に基づく成長戦略としての長期戦略（2021年閣議決定）では「地域循環共生圏」というビジョンが掲げられており、これは「地域 SDGs」とも呼ばれる、地域のもつ資源やネットワークを活かしながら地域課題の統合的解決を目指す未来像である。たとえば、太陽光発電などを活用した鳥取県米子市の地域新電力事業は再生可能エネルギーの

SDGs　17の目標

出典：国際連合広報センター

注記：The content of this publication has not been approved by the United Nations and does not reflect the views of the United Nations or its officials or Member States.
The United Nations Sustainable Development Goals: https://www.un.org/sustainabledevelopment/

導入による温室効果ガス排出削減に加えてエネルギーの地産地消による地域活性化や地域防災力の強化も実現している。また、兵庫県豊岡市で進むコウノトリの野生復帰事業は生物多様性の保全に加えて地域観光の活性化や環境配慮型の稲作による米のブランド化にもつながっている。さらに、富山県富山市の次世代型路面電車（LRT）を中心としたコンパクトなまちづくりは公共交通機関の利用による温室効果ガス排出削減に加えて中心市街地の活性化や住民の健康増進にも寄与している。こうした地域SDGsの取組みは各地域で広がっている。

　また、私たちの暮らしの中では、プラスチックの利用やファッション、食生活などライフスタイルに起因する環境負荷への関心が高まっており、エシカル消費（人・社会・環境に配慮して自ら考える賢い消費）やモノの地産地消などによる持続可能なライフスタイルへの移行が求められる。たとえば、プラスチックについてはまずは2020年にレジ袋の有料化が導入され、また2021年に成立した「プラスチックに係る資源循環の促進等に関する法律」では、環境配慮設計に関する条件をクリアしたモノを国が認定して消費者に「見える化」するとともに、これを公的機関が率先して調達するグリーン購入の対象とすることとし

た。衣料品や食材についても、モノのライフサイクル全体の温室効果ガス排出量を表示するカーボンフットプリントなど環境負荷を「見える化」する試みが始まっている。また、家庭で余ってしまった食品を回収して福祉施設や子ども食堂などに提供するフードドライブと呼ばれる取組みも広がっており、これはライフスタイルの転換であるとともに、環境政策と福祉政策の統合的アプローチともいえる。

　このように、私たちが直面するさまざまな社会課題の解決に向けたヒントは身近な地域や暮らしの中に転がっており、一人一人が自分事として行動に移していくことが、結果としてよりよい社会づくり、ひいては世界全体のSDGsの達成につながっていく。

　「はじめに」で共同編者の鶴田順先生が述べているとおり、本書は勉強をさらに深めたい、行動したい、と読書の皆さんに思っていただけるような書籍を目指して制作した。本書が皆さんの行動に何かしらプラスの変化をもたらすことができたとしたら、それは私たち著者一同にとって大きな喜びである。

　2022年春

　　　　　　　　　　　　　　　　　　　　編者を代表して　　清家　　裕

文献案内——環境法の勉強をさらに進めたい・深めたい方のために

　環境法には良いテキストがいろいろあります。ここでは、環境法全体を扱っているテキストで、近年刊行された（日本の環境関係法令は頻繁に改正等されます）現在入手しやすいものを、【入門・初級編】と【中級・上級編】の２つに分けて、刊行年順に紹介します。

【入門・初級編】
・大塚直編『18歳からはじめる環境法〔第２版〕』（法律文化社、2018年）
・北村喜宣『環境法〔第２版〕（有斐閣ストゥディア）』（有斐閣、2019年）
・交告尚史・臼杵知史・前田陽一・黒川哲志『環境法入門〔第４版〕（有斐閣アルマ）』（有斐閣、2020年）
・上智大学環境法教授団編『ビジュアルテキスト環境法』（有斐閣、2020年）

【中級・上級編】
・大塚直『環境法〔第４版〕』（有斐閣、2020年）
・北村喜宣『環境法〔第５版〕』（弘文堂、2020年）
・越智敏裕『環境訴訟法〔第２版〕』（日本評論社、2020年）
・大塚直『環境法BASIC〔第３版〕』（有斐閣、2021年）

【そのほかのおすすめ】
　近年刊行された環境法テキストではありませんが、次の２点もおすすめです。
・畠山武道『考えながら学ぶ環境法』（三省堂、2013年）
　　「環境法を使って考える」（同書「はしがき」p. ii）ことに重きをおいた環境法に関する読みものです。本書『環境問題と法』のコンセプトと重なるところがあります。
・島村健「環境法」南野森編『法学の世界〔新版〕』（日本評論社、2019年）20章
　　本書の編者による環境法学習の道案内です。学習の導入としてだけでなく、環境法の学習を進める過程で、折に触れて読んでみるとよいと思います。

［鶴田　順］

事項索引

.

■執筆者紹介 〔執筆順, ＊は編者〕

＊鶴田 順 明治学院大学法学部准教授　　はじめに・6・文献案内

＊島村 健 神戸大学大学院法学研究科教授　1・11

山本 紗知 東京経済大学現代法学部准教授　2・コラム①

＊久保はるか 甲南大学共通教育センター教授　3

田中 俊徳 九州大学アジア・オセアニア
研究教育機構准教授　4

＊清家 裕 環境省大臣官房環境保健部
環境保健企画管理課課長補佐　5・7・おわりに

鈴木希理恵 認定特定非営利活動法人
野生生物保全論研究会事務局長　コラム②

二見絵里子 朝日大学法学部講師　コラム③・コラム⑤

鈴木 夕子 一般社団法人 MSC ジャパン
広報担当マネージャー　コラム④

清水 晶紀 明治大学情報コミュニケーション学部准教授　8・コラム⑥

石巻 実穂 早稲田大学法学学術院講師　9

堀口 健夫 上智大学法学部教授　10・コラム⑪

原島 良成 熊本大学法学部准教授　コラム⑦・コラム⑩

筑紫 圭一 上智大学法学部教授　16・コラム⑧

大坂 恵里 東洋大学法学部教授　12

堀田 恭子 立正大学文学部教授　コラム⑨

赤渕 芳宏 名古屋大学大学院環境学研究科准教授　13・14

川合 敏樹 國學院大学法学部教授　15

Horitsu Bunka Sha

環境問題と法
——身近な問題から地球規模の課題まで

2022年4月24日　初版第1刷発行

| 編　者 | 鶴田　　順・島村　　健 |
| | 久保はるか・清家　　裕 |

発行者　畑　　　光

発行所　株式会社 法律文化社

〒603-8053
京都市北区上賀茂岩ヶ垣内町71
電話 075(791)7131　FAX 075(721)8400
https://www.hou-bun.com/

印刷：共同印刷工業㈱／製本：新生製本㈱
装幀：仁井谷伴子

ISBN 978-4-589-04216-3

©2022　J. Tsuruta, T. Shimamura, H. Kubo,
H. Seike　Printed in Japan

大塚 直編〔〈18歳から〉シリーズ〕

18歳からはじめる環境法〔第2版〕

B 5 判・98頁・2530円

環境法の機能と役割を学ぶための入門書。公害・環境問題の展開と現状を整理し、環境保護にかかわる法制度の全体像を概観する。初版刊行（2013年）以降の関連動向や判例法理の展開をふまえ、全面的に改訂。

北川秀樹・増田啓子著

新版 はじめての環境学

A 5 判・222頁・3190円

日本と世界が直面しているさまざまな環境問題を正しく理解したうえで、解決策を考える。歴史、メカニズム、法制度・政策などの観点から総合的に学ぶ入門書。好評を博した初版および第2版以降の動向をふまえ、最新のデータにアップデート。

吉村良一著

公害・環境訴訟講義

A 5 判・298頁・4070円

訴訟形態および被害類型別に訴訟の展開・争点・公害政策の課題を解説した体系的概説書。「被害者救済」を重視する視点から争点・訴訟の結論についての私見を明示し、今後の理論構築への示唆をあたえる。平成30年3月の福島原発判決まで網羅。

中西優美子編

EU 環境法の最前線
―日本への示唆―

A 5 判・240頁・3520円

環境規制基準など世界をリードする EU 環境法の最新の内容を紹介し、検討。環境影響評価／地球温暖化対策／動物福祉／生物多様性／海洋生物保護／GMO 規制／原子力規制等を取りあげ、日本法との関係や影響を分析、示唆を得る。

高柳彰夫・大橋正明編

SDGsを学ぶ
―国際開発・国際協力入門―

A 5 判・286頁・3520円

SDGs とは何か、どのような意義をもつのか。目標設定から実現課題まで解説。第Ⅰ部は SDGs 各ゴールの背景と内容を、第Ⅱ部は SDGs の実現に向けた政策の現状と課題を分析。大学、自治体、市民社会、企業と SDGs の関わり方を具体的に提起。

小林友彦・飯野 文・小寺智史・福永有夏著

WTO・FTA 法入門〔第2版〕
―グローバル経済のルールを学ぶ―

A 5 判・228頁・2640円

WTO を重視する従来の書籍とは一線を画し、FTA の役割もふまえ両者をバランスよく学べる。米国トランプ政権の保護主義的政策、WTO 紛争処理手続の機能不全、日 EU 経済連携協定、日米貿易協定、TPP11 など最新動向を補足。

―――――法律文化社―――――

表示価格は消費税10%を含んだ価格です